高职高专艺术设计专业规划教材·视觉传达

PACKAGING DESIGN

包装设计

潘森　王威　编著

中国建筑工业出版社

图书在版编目（CIP）数据

包装设计 / 潘森，王威编著. —北京：中国建筑工业出版社，2015.9
高职高专艺术设计专业规划教材 · 视觉传达
ISBN 978-7-112-18401-9

I. ①包… II. ①潘… ②王… III. ①包装设计-高等职业教育-教材 IV. ①TB482

中国版本图书馆CIP数据核字（2015）第202953号

本书是针对高职高专院校艺术设计专业学生制定的一本关于包装设计的实训教材。以项目实训为导向，并加强学生理论知识的学习是本书的特色，书中分为6个项目：包装设计的认知、包装设计的前期工作、包装设计的创意构思、包装设计的平面视觉设计、包装设计的材料应用、包装设计的后期调整，并配有包装设计案例赏析。在学习的过程中提高学生独立思考问题，解决设计中常见问题的能力，提倡活学活用，使学生所设计的作品独具匠心，更加符合市场的要求，本书也适合包装设计行业的从业者学习使用。

责任编辑：李东禧　唐　旭　陈仁杰　吴　绫
责任校对：李欣慰　党　蕾

高职高专艺术设计专业规划教材 · 视觉传达
包装设计
潘森　王威　编著
*
中国建筑工业出版社出版、发行（北京西郊百万庄）
各地新华书店、建筑书店经销
北京嘉泰利德公司制版
北京盛通印刷股份有限公司印刷
*
开本：787×1092毫米　1/16　印张：7¼　字数：169千字
2015年10月第一版　2015年10月第一次印刷
定价：47.00元
ISBN 978-7-112-18401-9
（27668）

“高职高专艺术设计专业规划教材·视觉传达”编委会

序

2013 年国家启动部分高校转型为应用型大学的工作，2014 年教育部在工作要点中明确要求研究制订指导意见，启动实施国家和省级试点。部分高校向应用型大学转型发展已成为当前和今后一段时期教育领域综合改革、推进教育体系现代化的重要任务。作为应用型教育最基层的众多高职、高专院校也会受此次转型的影响，将会迎来一段既充满机遇又充满挑战的全新发展时期。

面对众多研究型高校转型为应用型大学，高职、高专作为职业技术的代表院校为了能够更好地迎接挑战，必须努力提高自身的教学水平，特别要继续巩固和加强对学生操作技能的培养特色。但是，当前职业技术院校艺术设计教学中教材建设滞后、数量不足、种类不多、质量不高的问题逐渐显露出来。很多职业院校艺术类教材只是对本科教材的简化，而且均以理论为主，几乎没有相关案例教学的内容。这是一个很大的问题，与当前学科发展和宏观教育发展方向是有出入的。因此，编写一套能够符合时代发展需要，真正体现高职、高专艺术设计教学重动手能力培养、重技能训练，同时兼顾理论教学，深入浅出、方便实用的系列教材就成为了当务之急。

本套教材的编写对于加快国内职业技术院校艺术类专业教材建设、提升各院校的教学水平有着重要的意义。一套高水平的高职、高专艺术类教材编写应该有别于普通本科院校教材。编写过程中应该重点突出实践部分，要有针对性，在实践中学习理论，避免过多的理论知识讲授。本套教材邀请了众多教学水平突出、实践经验丰富、专业实力雄厚的高职、高专从事艺术设计教学的一线教师参加编写。同时，还吸纳很多企业一线工作人员参加编写，这对增加教材的实用性和实效性将大有裨益。

本套教材在编写过程中力求将最新的观念和信息与传统知识相结合，增加全新案例的分析和经典案例的点评，从新时代的角度探讨了艺术设计及相关的概念、方法与理论。考虑到教学的实际需要，本套教材在知识结构的编排上力求做到循序渐进、由浅入深，通过大量的实际案例分析，使内容更加生动、易懂，具有深入浅出的特点。希望本套教材能够为相关专业的教师和学生提供帮助，同时也为从事此专业的从业人员提供一套较好的参考资料。

目前，国内高职、高专艺术类教材建设还处于起步阶段，还有大量的问题需要深入研究和探讨。由于时间紧迫和自身水平的限制，本套教材难免存在一些问题，希望广大同行和学生能够予以指正。

总主编　魏长增

2014 年 8 月

前 言

包装设计在视觉传达专业中是一门综合性很强的应用型设计课程。针对学习包装设计的学生而言需要掌握包装设计中所涉及的知识和技能。如今琳琅满目的包装设计伴随在人们的生活之中，已成为人们生活中的“必需品”，进而可以说包装设计利用自身独特的方式促进了商品的销售，并悄然地改变着人们的生活方式，使人们的生活更加丰富多彩。在包装设计中，包装设计所具有的实用性和艺术性，要求设计师在为商品进行包装设计时要具备较强的理论知识和实践技能，有效地将艺术审美和包装使用结合到一起，促进商品的营销，使设计富有独特的价值。

作为一名包装设计师，应具备多方面的综合能力，在驾驭娴熟技术的同时，又能使设计作品彰显艺术的魅力，过多地追求艺术层面的创意或单纯重视技术与技巧的掌握，都不能解决包装设计的综合能力培养的问题。本书争取在这些方面给大家带来一些启示。

面对当今的设计趋势，本教材着重培养学生的创新能力、独立思考能力、完善的思维架构、娴熟的操作技能及独特的审美能力，让学生在学习中体会到设计的魅力，创作出别出心裁、符合市场潮流的设计理念与包装样式，随着时代的步伐去设计，设计富有时代气息的作品。

由于教学需要，书中使用大量企业实际的包装作品案例，部分已经标明出处，还有一些图片资料来源于网络，实难查找来源，还望谅解。

本书共 169000 字，其中潘森撰写 114000 万字，王威撰写 55000 万字。

目 录

概　述

包装设计是一门学问，并具有跨学科和涉及多领域的特性，也是视觉传达设计教学中的重要课程。商品包装的市场应用性与设计艺术性的双重价值，要求从事商品包装设计人员必须对其相关知识进行深入地学习，对其相关的技艺进行有效地练习和把握，同时还要具备一定的市场与营销理念。如今，艺术设计专业学生就业困难的问题已经逐渐显露出来，一方面是市场需求的逐步饱和所致，另一方面也与教学、与学生学习不尽完善，并缺乏“与时俱进”的理念有关。过多地追求艺术层面的现象与单纯重视技术与技巧的掌握，都不能解决包装设计的综合能力培养的问题。

一名优秀的学生，既要具备独立思考的能力，又应广学博识；既要在技能上扎实雄厚，也要注重思维建构。而形成这些前提和条件的是，在学习和实践中首先要弄明白所要解决的问题是什么，然后是采取何种方式来解决问题（图 0–1、图 0–2）。

纵观包装设计的发展历史，可以看出包装设计随着人类文明的发展在不断地演变进步。在包装的演变过程当中，体现出不同地区、不同民族、不同时期人们的生活方式和情感，标志着社会文明的发展。在当今的包装设计中，随着科技的不断发展，我们的生活也在发生着变化，而包装也在以它自身的方式改变着包装的形式。流传了几千年的包装形式也在悄然改变，包装设计原本只是为了满足盛装、携带和储存物品的需求，演变到当下的符合时代气息、具有设计意义的包装，是人类文明的标志。

在包装设计发展的进程中我们不难发现，包装设计最初的形式是受到大自然给予我们的

图 0–1

图 0–2

启示，我们生存的环境，自然界的植物生长，都离不开“包装”，正是从这些自然的启迪中我们学到了包装的观念、手段和知识，使我们懂得了审美和设计。

包装设计追溯到原始阶段，可以说它是包装的最初形式，人类为了生存，为了将物品能够方便地交易、运输、储存、交换等便产生了包装形成的先决条件。随着人类的不断进步，传统包装便开始形成，随着不同材质的出现，包括冶炼技术的发展、造纸术的发明、陶艺和漆器的出现等，将包装以不同形式呈现出来。在不同的时期、不同的民族、不同的区域，包装都能够显示出自身的魅力所在。

图 0–3

现代包装设计，随着国际化进程的快速发展，包装便成了物品流通中不可缺少的重要组成部分，不同的档次、不同的类型的包装在商品包装中所占的比例越来越多，包装体现了企业与商品的风格和内涵。

随着科技的发展与进步，新型的手段在为包装设计提供着新的媒介，激光技术、电子技术等，现代包装设计已经从手绘设计发展到计算机辅助设计，包装设计已经迈入了一个全新的时代。如今包装设计的功能也逐步地完善起来，在当下的商品社会里充当着人与人、人与物、物与物之间的中介，从原本简单的保护商品方便运输的作用，转化为包含强烈的文化渲染力和视觉震撼力（图 0–3、图 0–4）。

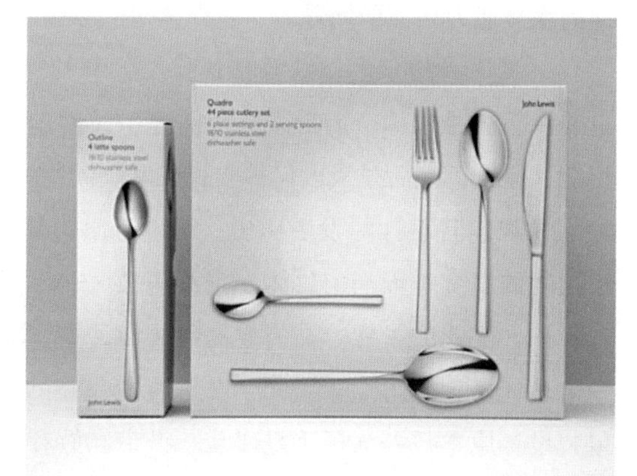
图 0–4

在包装设计的发展中，本书将从商品包装设计的认知与理解开始，介绍商品包装的基本概念问题、商品包装的产生与发展、商品包装设计、商品包装设计案例等相关内容，进一步加强高职院校学生的项目实训，突出理论与实践相结合的特性。使同学们在每一个项目实训当中能够切实地把握包装设计的理论知识，在每个项目中有针对性地进行实训，让学生懂得什么是包装设计，如何进行包装设计。

项目一　包装设计的认知

项目任务

1）通过本项目，理解包装及商品包装的概念，能够熟练地掌握包装的意义和目的；

2）熟练掌握包装设计的设计标准，并能够运用到设计之中。

重点与难点

1）如何在包装设计中体现出包装本身的意义和目的；

2）如何在包装设计中融入安全性、科学性、节约性、传播性、服务性等性能。

建议学时

8学时。

1.1　包装概述

在漫长的历史岁月里，包装随着人类文明前进的步伐逐渐发展起来。纵观世界各国包装设计的演变，渗透出不同地区、不同民族、不同时期人们的生活情感，也标志着商品发达的程度和社会文明发展的程度。商品包装是指人们在市场交易中对商品进行包裹、盛装的物品。为了便于物品交易，人们出于对物品进行分类、存放和保护等需要，而对其进行包装，同时随着商品的极大丰富与供求关系的提升，也带来了商品包装物的日趋改进。包装物在交易和销售中既发挥着“保护”的功能，又刺激了商品生产以及交易方式的改变，最初的商品包装产生的意义及所体现出的最基本价值正是体现于此（图1–1、图1–2）。

随着工业化不断的发展，新的商品营销观念产生，给予了商品包装新的使命和意义。趋于这种环境，我们对传统意义上的商品包装认知应有所改变，因为现代商品包装必须具备与商品本身一样的研发与生产过程，同时在销售环节中的高度竞争又要求商品包装要发挥其能效性。现代的商品包装已经不是单纯的保护壳，它已成为囊括诸多范畴于一身的综合课题，而商品包装设计也已成为了涵盖了材料、结构、印刷，传播、艺术、营销等多门学科的专业和应用技能。因此，为了有利于我们更深入地认知和探究商品包装与设计，我们必须去认知商品包装设计的基本问题以及在当今市场营销中的地位和价值，以超前的思想理念来对商品包装设计进行深入的实践与学习（图1–3、图1–4）。

图1–1　灰陶布纹罐

图1–2　竹编田鸡娄

图 1-3　现代酒品包装

图 1-4　现代食品包装

1.1.1　包装的概念

包装在展现功能的同时也为商品的交易和销售过程带来了诸多方便。商品包装首先体现“包”和“装”:“包”字体现了一定的捆扎方式、安装技能、包裹方法及密封等多种含义;“装”字除本身承装的含义外，更重要的是包含装束、装扮、装饰等寓意，包装不仅是一种物品，还是一种行为技法，更是一种行销态度和意识。

所谓商品包装则应该是以特定材料,针对特定的商品对象,通过特定的生产技术流程所制成的具有包裹、盛装、保值、营销等功效的物品形态(图 1-5、图 1-6)。

我国《包装通用术语》的国家标准是 :“在流通过程中保护产品，方便储运，促进销售，按一定技术方法而采用的容器、材料及辅助物等的总称”。

美国包装学会对包装的定义是 : 符合产品之需求，依最佳之成本，便于货物之传送、流通、交易、储存与贩卖，而实施的统筹整体系统的准备工作。

日本工业规格 JIS101 对包装的定义 : 包装系便于物品之输送及保管，并维护商品的价值，保持其状态，而以适当的材料或容器，对物品所实施的技术与状态。

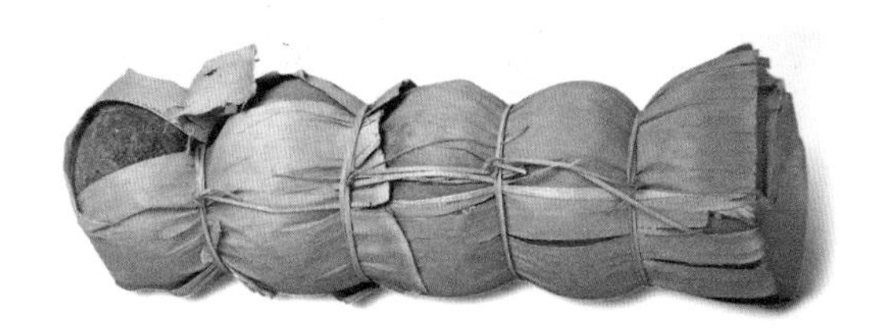
图 1-5　箬竹叶普洱茶团五子包(清光绪)

图 1-6　木夹装“麝香”套盒(清光绪)

1.1.2　商品包装的概念

根据以上的定义我们不难理解商品包装的本质。商品包装是一种物品，这是商品包装的基本属性。随着社会的飞越发展以及人们认知上的改变，包装的概念也有所延伸,不仅仅只是针对物品范畴，也开辟出自身更广泛的领域,如对明星的“包装”、对人类或动物的“包装”、对节目的“包装”等。追根溯源，诸如此类的包装更多地体现商业价值延展中的“经营、塑造”，未获取更高的利益和价值，让“包装”上升为思想理念，即“包装”是一种经营意识以及围绕这种意识所实施的塑造方式与手段。

1.1.3 商品包装设计的概念

商品包装设计应是围绕着“商品与包装”问题所进行的思维与技术实施结合的设计，因此商品包装设计是一种思维劳动和技能的完美体现，目的是为了体现商品的包装功能和达到商品的营销目的。所谓商品包装设计即是针对商品包裹、盛装、保值、营销等功效以及特定的生产技术流程所实施的解决商品流通与促销问题的方案。

视觉传达设计中的平面设计是商品包装设计的主要内容之一，故而结合专业的特点进一步考虑商品包装设计就可以将其理解为商品包装设计是集形态、结构、材料、造型、色彩等多方面知识及相应的制作流程工艺技术，针对商品包裹、盛装、保值、营销等功效以及特定的生产技术流程，以视觉传达（平面设计）方式所实施的解决商品流通与促销问题的方案。这种解释可以从各个角度深入地剖析商品包装设计。可以说在商品包装设计中，我们所办扮演的角色不仅是设计师，更是塑造家、营销家，以及对于商品包装设计的开发者（图 1–7、图 1–8）。

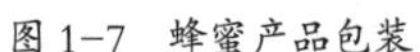
图 1–7 蜂蜜产品包装

图 1–8 食品巧克力包装

1.2 包装设计的意义和目的

1.2.1 商品包装设计的意义

作为一名设计师，是否能真正地理解商品包装的意义至关重要，在设计过程中经常发现一些设计师的设计方案不能够与企业的实际生产达成一致，使我们的设计成为“纸上谈兵”，难以达到实际的效果和目的，单从设计的角度而言，作为一名设计师是否能设身处地地考虑产品营销的问题，对产品的销售起着至关重要的作用。如果说设计师把企业的营销问题作为设计的主旨，那么设计师就会和企业及生产者达成共识，设计出好的商品包装达到对于商品的宣传和促销的作用，作为设计师所处的角度和立场往往决定着我们思考与行为的方向和目标。

然而最佳的营销方法应是站在消费者的角度，体会消费者的心理去研发商品包装的设计，才能达到最好的预期效果（图 1-9、图 1-10）。

图 1-9　饮料包装系列

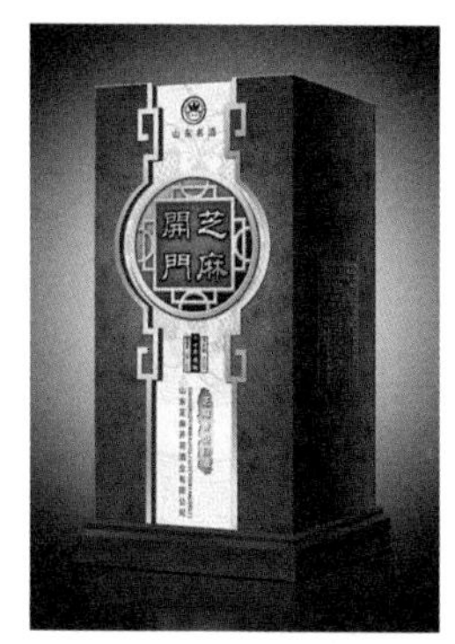
图 1-10　酒类包装

1.2.2　商品包装设计的目的

商品包装的目的在于利于商品的销售。大家都知道，商品包装设计是商品的产物，其最初目的是为了包裹、保护商品，以便于商品的携带，这与利于商品营销的出发点不谋而合。保护商品即是维护了商品的基本销售条件，同时商品的分类和计量分配则为营销带来了更多的便利。

图 1-11　酒品包装礼盒

随着社会与市场的发展，包装作为商品的附属品地位上升到与商品具有同等属性和价值，商品包装与商品已经融为一体，成了物质消费需求中的重要组成部分。因此，有利于营销也就成了商品与包装与设计共同的标准和目标。商品包装设计针对的是某个或某类特定的商品、销售环境、消费群体，但利于营销确是商品包装设计的唯一目的（图 1-11）。

1.2.3　商品包装设计的功能

商品包装设计中的实用功能和审美功能，实用功能前面已经提到，就是满足对于商品的包裹、保护等方面的需求，那么审美功能是指对商品的“装扮”，对商品包装同样至关重要。人们对于美的事物有着不同的看法，但是有共性所在。人们对于物品不仅仅只停留在实用功能上，随着人们生活水平的提高，审美功能也不可小视，甚至在某种情境下审美功能占据主导地位。其实我们现如今的物质条件应该早已超过了人们最基本的物质需求，社会发展的必然事实要求商品包装设计必须具备一定的审美功能（图 1-12、图 1-13）。

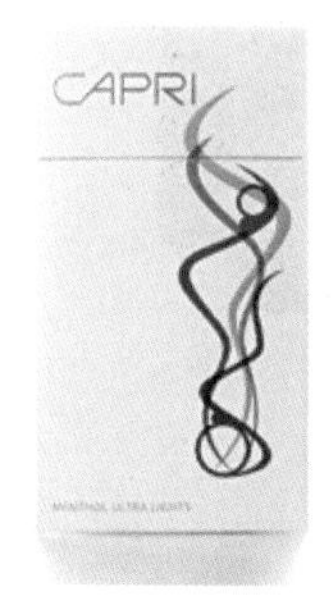

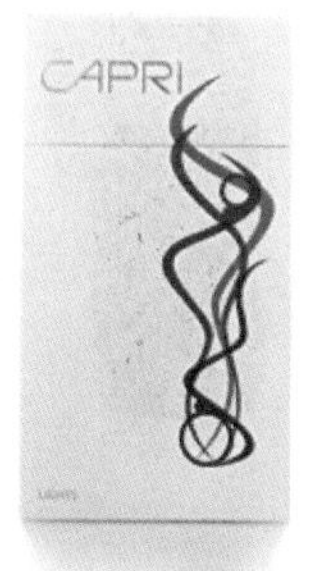

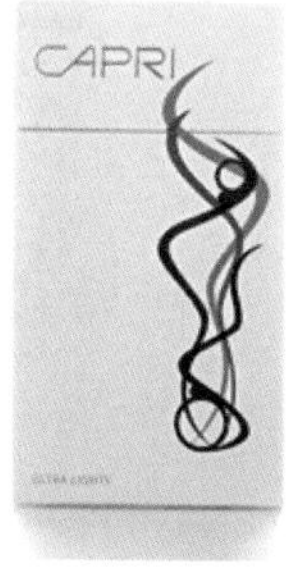

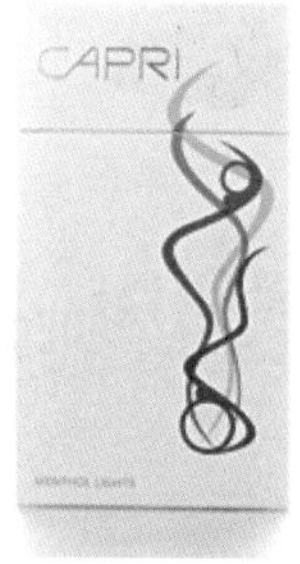

图 1-12　香烟的包装

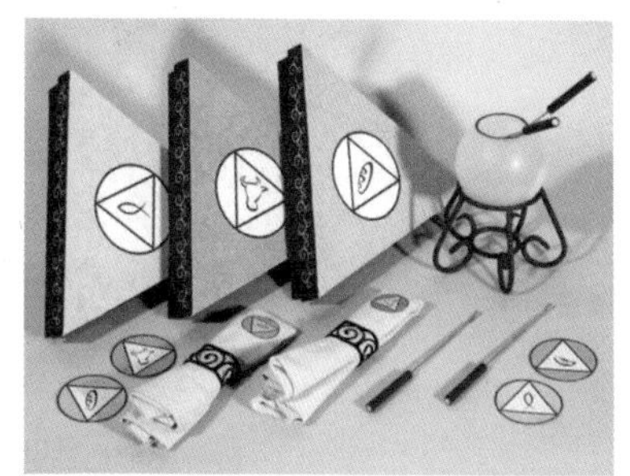
图 1-13　具有艺术性的包装礼盒

1.3 包装的标准

商品包装设计应该有着自身的要求与标准，任何事物的存在都有着它的共性和特性。了解有关商品包装的标准，可以确保商品包装设计规范的正确，并有利于实施，也可以使我们在对于商品包装功效的评判上获得具体有效的依据。商品包装设计应具备如下的特性。

1.3.1 安全性

“安全性”是商品包装设计的保障。商品包装设计的首要问题是保持商品的原有品质和状态。商品的最终目的是要促进商品销售，那么商品在流通、存储、销售的每一个环节中安全性都不可忽视。任何人都希望能够买到精美完整的商品，其中商品包装设计的价值也包含其中，“安全性”体现着商品的自身价值和独特的生命力，也掌控着营销的命运。因此将“安全性”作为商品包装设计的首要标准是十分必要的。偏离了“安全性”的准则必将会导致商品原有价值的极大缺损，这样的商品包装设计有悖设计的规律（图 1–14）。

1.3.2 科学性

商品包装的材料、结构、营销和制作流程等都包含着一定的科学知识和科学原理以及相应的科技含量，这些科学层面的问题说明商品包装设计绝不仅仅是审美和艺术问题。依靠科学的态度和科学知识作为依据并以科学技术为前提去解决问题，是商品包装设计中的方法。诸多商品包装设计均是科学与技术的创新成果体现。

塑料使生产制造业的材料有了新的突破，也为商品包装带来了新的发展空间（图 1–15）。针对不同的商品，科学地选用材料、形式与制作方法，可以使商品包装更有利于商品的保值、存储、运输以及使用。

图 1–14 饮料产品包装（1）

图 1–15 饮料产品包装（2）

1.3.3　节约性

过度包装是我们生活中显而易见的现象，形式大于内容的案例比比皆是，“节约性”包括“节省”和“环保”两方面，这也是倍受人们广泛关注的话题。商品包装的耗材和污染确是商品包装的一个显著问题，更何况出于过度地追求商品的营销效益，利用商品包装牟取“暴利”的现象，更是加剧了商品包装的负面效应。因此提倡节约和环保并将其作为商品包装设计的重要标准十分必要。提倡使用有机的材料或可循环使用的材料，极力缩减不必要的包装层次应该是当今商品包装设计的首选方案。其实正常的商品与包装的开发是绝不会不考虑成本问题的，因为这将直接关系是否有利于销售。世界上的许多国家对商品包装的成本标准问题均进行了相应的规定（图 1–16~ 图 1–18）。

图 1–16　食用油包装

图 1–17　纸盒类包装

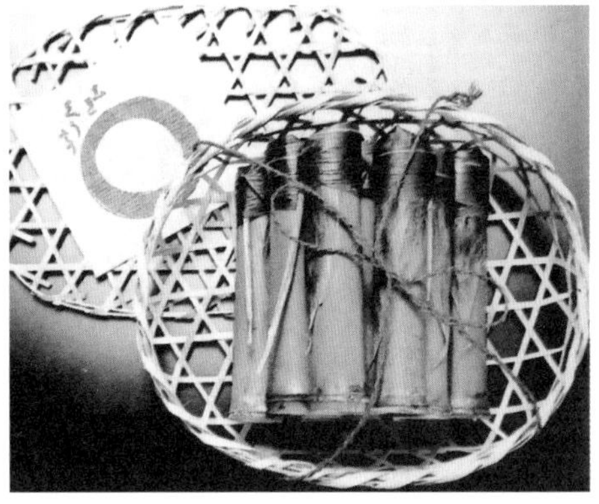

图 1–18　竹筒包装食物

1.3.4　传播性

商品销售的关键环节是信息传达，是商品包装设计的重要内容，同时还是商品进入市场的关键条件，以及消费者选购商品的依据。人们在购物中往往有这样的情况，消费者在购买一般自用商品的时候并不关心商品包装的设计式样，他们更注重的是商品本身的情况和相关信息，我们国家对商品包装在信息传达部分是有明确规定的，商品市场准入的必要条件：如商品的品牌、商品名称、商品的物质成分与含量、商品的生产日期与有效期限、商品的批准文号及必要的使用方法说明等，必须标注在商品包装的主要位置上。作为设计者的我们必须考虑这一方面，并合理地将其规划到我们的设计之中（图 1–19、图 1–20）。

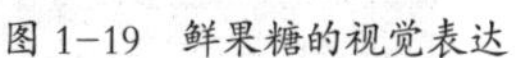

图 1-19　鲜果糖的视觉表达　　　　图 1-20　百事可乐的视觉传达

1.3.5　服务性

商品包装设计的目的是为了促进商品的销售，这需要切切实实地体现在设计具体的措施上。商品包装的服务涵盖了商品销售的前期保值、商品销售中的信息咨询与销售后的便于携带，甚至还有为消费者提供便于商品使用的服务等。随着以人为本的观念的不断提升，商品包装设计为营销服务、为消费者提供服务成了重中之重的工作项目和内容。大家常见的商品包装设计中各种便于携带的设计，便是给购物者带来便利的最基本的服务。因此我们可以说，商品包装设计要想有利于营销，就必须考虑为消费者提供一定程度的并且是切实有效的服务。这也是商品包装设计的重要标准（图 1–21、图 1–22）。

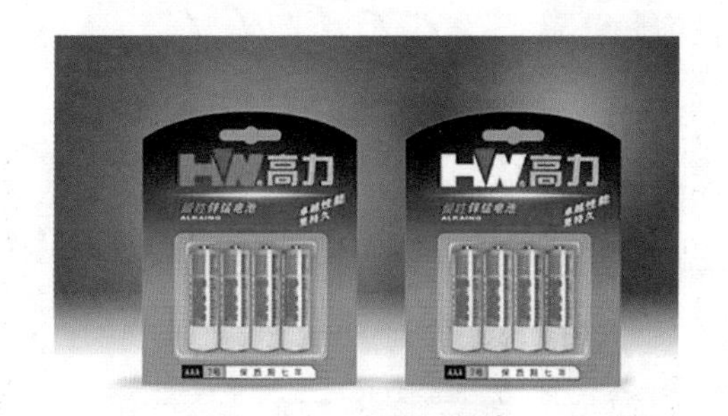

图 1-21　商品的服务功能　　　　图 1-22　“苹果”软件包装

项目小结

本项目分别对商品包装的概念、意义、目的、标准等方面进行了综合性的概述和讲解，是加强学生对于包装设计、商品包装设计的总体认知的过程，在学习的过程中能够充分理解商品包装设计的标准，能够正确地对商品进行包装设计有所认知。本项目是为后几个项目的学习奠定基础，巩固理论知识。

本项目要求必须将包装设计的理论知识完全掌握，并能够深刻理解其意义，在学习的同时思考在设计的过程中应该怎样合理地将理论转化为实践。

课后练习

1）包装与商品包装的含义和意义？

2）商品包装设计的标准是什么？

3）商品包装设计的意义和目的？

项目二　包装设计的前期工作

项目任务

1）理解我国包装设计发展脉络并熟练地掌握包装设计的规律，清楚地分析出包装设计在每个历史阶段的特点；

2）学习在包装设计中对于不同材质和器型设计的把握；

3）现代包装设计各个时期的特点，掌握现代包装的规律。

重点与难点

1）熟悉我国包装设计发展的历程，以及理解我国包装设计在各个阶段的特点；

2）如何理解包装设计中的自然包装和传统包装；

3）如何理解包装设计中现代包装和传统包装的区别和共性。

建议学时

8 学时。

2.1 包装设计的形成与发展

随着人们生产能力的发展，更多材质、更多制作方法的器具接踵而至，陶器、青铜器、漆器、编织物等便是如此，盛装物品是其主要的功能。当被盛装的物品被作为交易的物品出售时，这些盛装物便成了商品的包装。如此我们认识到商品包装的形成是人们生活的需要以及市场交易的产物。

2.1.1 中国包装设计的发展概况

包装是人们生活的产物，人类早期生活中盛装、携带和储存物品的需求便是包装物品形成的开始，并且随着物质的不断丰富，以及人们对生活需求的提升，用于盛装、存储、分类日常物品的器物被大量地开发制造出来。在人类发展的历史阶段中远古时期，人类就开始进行有意识地利用植物的叶子和植物的纤维枝条或兽动物的皮来包裹物品。后来随着人类的技艺有所增强，利用植物的根或茎编织的方法来制作筐和篮，以及麻、丝、布等织物及更复杂的技艺，并运用到盛装物品上，这便是最初的包装物（图 2–1~ 图 2–5）。

新石器时期的陶器，为人们生产生活贮存水、酒等一些物品，成为那一时期重要的包装物

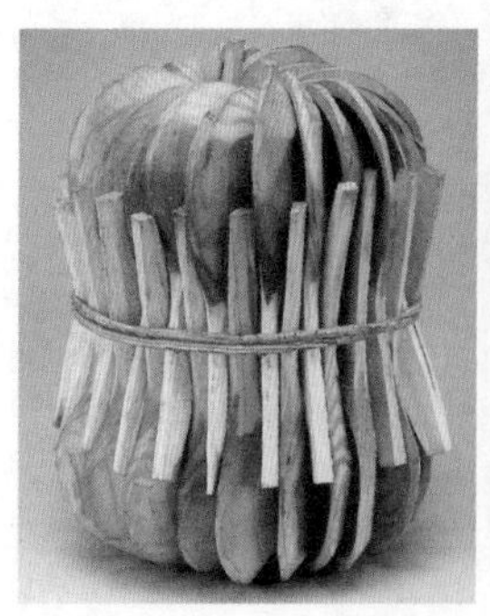

图 2–1 竹箍捆包的成捆勺

图 2–2 成捆竹扦

图 2–3 麻包

品，为生活带来了极多的方便。另外，随着编织技术的进一步完善，包装物更趋丰富（图2-6），与此同时绳子的用途也发挥到了极致，绳子的捆扎功能其灵活性及操作简便、便于提携等优势，成了包装物品过程中非常重要和普遍采用的方法和手段。这在众多陶器上的绳纹中可以得到验证。实际上，直至今天，绳子仍是今天我们日常生活中最为普遍、简单的包装手段（图2-7、图2-8）。

图2-4　麻线渔网

商周时期的纺织和青铜器制造日益发达，更多的器皿和丝织物成为人们生活的必需品。由于青铜器的制作相对复杂，加上人们赋予青铜器的某种特殊的内在精神含义，青铜器在当时不仅是作为盛装物品的器物使用，更多的则是作为礼器和具有一定象征意义的重器使用。同样，丝绸以其质地轻柔、润滑和优质成了贵族专享的奢侈品（图2-9、图2-10）。因此青铜器和丝绸即使是被作为了盛装和包裹物品的包装物，也是仅限于局部使用，对于社会日常生活中的包装，没有更多的实际作用。更为普遍出现的是棉麻制品，成了包装普遍应用的材料。

图2-5　植物纤维绳团

战国、秦汉时期的社会，已是百业兴盛，这无疑对包装的发展起到了极大的促进作用。其中髹漆技艺使包装物从材料到形态都发生了全新突破。漆器体轻、坚固、美观，成为当时最受人们喜爱的盛装物，也是包装物中的上品（图2-11）。

唐代的社会发展进入空前繁荣的时期。唐代开辟了独具时代风格特点的包装形态和制作技艺（图2-12）。佛教的传入和佛事活动的广泛开展，产生了大量的与佛事相关的宗教包装种类，这类包装用材十分讲究，制作精良，装饰也非常华丽、庄重、神奇。因此，佛事物品的包装往往采用多层次或组合形式，借以表达对佛的敬意和保护。直到今日凡是极为重要或珍贵商品的包装也会采用如此多层次的包装方法。

宋代的城市商业规模趋于成熟，手工业生产得到了极大的发展，对外贸易亦十分活跃。

图2-6　竹质葫芦及竹编外套

图2-7　编织捆扎包装

图2-8　草绳包装的腌菜缸

图 2-9　青铜绳络纹兽面衔环壶

图 2-10　1990 年河南省安阳市出土的青铜器

图 2-11　古代漆器

图 2-12　褐绿彩云纹瓷罐（唐）

图 2-13　白釉刻网纹瓷缸（宋）

瓷器、漆器、纺织品等已成为我国重要的出口商品，这必然促进包装的空前繁荣。从宋代以纸币“交子”取代钱币的作法，就可以证明贸易和商业的发达。当然在频繁的商品交易中，对于商品的包装有着极为重要的推动作用。

宋代的五大名窑更是驰名中外。瓷器不仅取代了以往众多包装容器的式样和功能，也成了重要的商品。而针对瓷器的大量生产和销售运输，包装方式的进步势在必行。不过当时的宋代人已经很好地解决了这个问题。北宋《平洲可谈》中提及，瓷器的包装要“大小相套，无少隙地”，即是如此（图 2–13）。

宋代用纸包装日常用品非常普遍，而且针对不同的物品，包装也会有相应的不同讲究，如糖果蜜饯“皆用梅红匣盛贮”，五色法豆要用五色纸袋盛之等。雕版印刷的黄金时期也在宋代，而且这种新技术一出现马上就被包装所采用。另外，漆类包装物也更加丰富多样，雕漆、戗金、犀皮、螺钿等工艺不仅创造了丰富的漆艺，也带来了美观精致的漆制包装。

元代的包装除秉承过去的一贯传统方式外，还出现了具有马背民族特色的包装物品。皮质包装的推广，在蒙古族历史上非常悠久，皮革材料制作的袋囊，是人们生活中必备的日常用品。皮囊的耐磨、抗击、便携等优点用于包装物上，实在是再好不过了，因此皮囊包装深得人们喜爱。元代的漆器制作非常精湛，也出现了一些漆艺大家，漆艺包装物也显得十分珍贵（图 2–14）。

图 2–14　云纹剔犀和盒（元）

图 2–15　青花香料盒（明万历）

图 2–16　铜胎掐丝珐琅

明代的社会商业化程度更高，对外贸易更加活跃。从定陵墓中出土的盛放玉圭、佩饰、谥宝、册、凤冠等物的漆器包装上，可以清晰地看到明代包装物制作技艺的状况。这一时期的包装在继续沿用传统形式的基础上，包装物的制作更加精细，包装方法更加丰富和成熟。另外，瓷器的包装在明代已经形成了比较完善的方法（图 2–15）。

明代由于铜胎掐丝珐琅制作技术的完善，特别是景泰年间的作品最为闻名，这些全新的器皿样式和特质，无疑为包装增添了新的模式（图 2–16）。

清代，包装方法及包装物的制作技艺逐步趋于娴熟。包装的种类也更加多样，包装材料也更加丰富，包装技术更加普及。但在总的趋势上，由于材质所限，更多的是延续历史上的包装，没有更多的创新。特别是闭门锁国的统治政策，不能更多地与外部交流沟通，妨碍了制造业、商业和对外贸易的发展（图 2–17~ 图 2–21）。

图 2–17　黑漆描金“一统车书”玉玩套装盒（清乾隆）

图 2–18　楠木“笏罗乌玦”提梁多屉黑匣（清乾隆）

图 2-19 竹编茶包

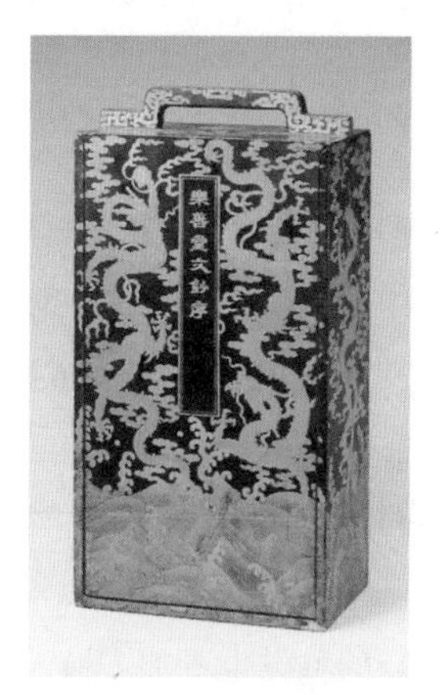

图 2-20 黑漆描金海水云龙《乐善堂钞序》多格提箱（清乾隆）

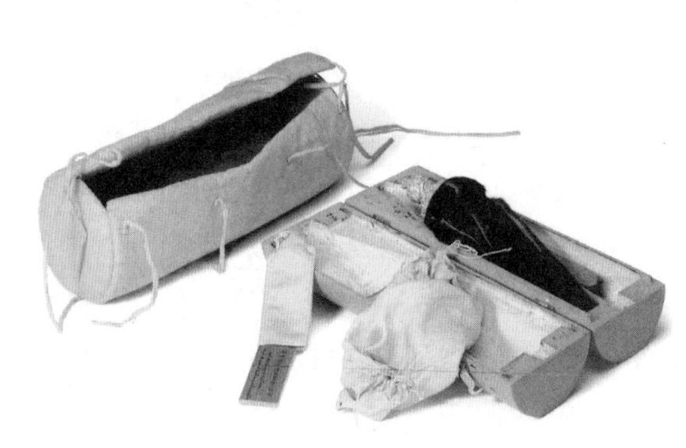

图 2-21 木质棉套盔缨筒（清）

简述我国的包装发展历史，其意不仅在于让我们了解一些中国古代的包装历史，更进一步明晰了我们对从古至今的包装的发展脉络。单纯地随着时间的延续来解读包装的发展是片面的，因此，在下面的一节里，会从另外的角度来继续分析和了解包装的演化过程。

2.2 传统包装设计的演变

从商品包装的形成原因可以看出，由于人们的生产生活所需，可以说人们早期绝大部分的商品包装是日常盛装物品的器物的简单形式，这应该是由当时人们的生产力所决定的。而我们今天谈论的商品包装完全是指工业化时期以后的现代商品包装，现代的商品包装既具备了自身较为完善的功能与价值，也具备了同样需要生产的产品属性，从这个方面来看，只需要将商品包装的发展过程分为传统与现代两个层面就足以能够阐述清楚。

2.2.1 自然形态的包装

人类的众多发明创造都是对自然现象仿效的结果，可以说大自然是最伟大的设计师。事实的确如此，大自然似乎把一切具有自然属性的事物都塑造得绝妙完美，以致于我们在解决自身问题的时候不得不常常向大自然请教和学习，植物的果实对于植物来说是最重要的部分，严格保护以防破损、虫蛀及外力侵蚀十分必要。所以我们会发现植物的果实总是被严密和结实地包裹着，甚至有的还要采取相应的加固措施。

从大自然的启示中我们得到了包装设计的灵感，最初使用的包装材料也来自于自然，上古至商周时期人们利用天然的树叶、兽皮、泥土等材料盛装、存储食物或物品，后来又发明了使用枝条编织筐、篮等形式。人类利用自然物品为材料制作包装物的情况在人类早期生活中极为普通，甚至有些包装形式至今仍被流传和使用。“粽子”、“竹筒饭”就是如此，利用植物的叶子或根茎来包裹食物，这样不仅获取材料方便并新鲜耐用，既能解决包装问题，也创造了食物特有的味道（图 2–22）。自然物品作为包装手段和材料的实例还有动物的内脏、皮毛，植物的纤维、外壳、枝干等，这些包装材料和形式也有相当的部分在当今依然被人们沿用。热带沿海地区的人们利用椰子的外壳及贝壳等海产品制成相应的容器，依靠它们的坚固和密闭性来确保物品的良好贮存与安全运输。可见大自然既是我们的老师，还是我们生活的依靠。

图 2–22 粽子用竹叶包裹（沿用天然植物为材料，采用捆扎、编织为手段的包装）

2.2.2 传统器皿包装

除了自然物品的包装材料与形式外，器物的发明也使包装的形式得以有效扩充。传统器物的形式不等、功能各异，给予了包装丰富多样的形态和样式。约在公元前 8000 年，人类就发明了织布和烧制陶器。后来又发明了粗制玻璃容器和金属容器（图 2–23）。我国的青铜器、陶器、瓷器的生产曾经异常发达，这也为包装容器的发展奠定了一定的基础。发生在战国时期的“郑人买椟还珠”的故事，透露了我国器皿包装的产生和使用状况。战国以后的秦汉至魏晋南北朝的一千余年中，各种陶器、铜器及漆器等包装容器被大量地生产和使用，这些不同材质器皿的发明与广泛生产，为物品的分类盛装及有效保存起到了极其关键的作

图 2–23 山西省曲沃县西周时期的青铜器 1992 年出土

用。如酒器就是被专门化了的器皿，专门用作酒的盛装和存储。这种有效分类和器皿的专门化使用方式为后来的包装容器的发展奠定了坚实的基础。木器、竹器的发明制造也从某种程度丰富了包装的式样和特性，马王堆汉墓中发掘出的用于盛装丝织品和食物、药材的竹筒即是例证。纺织品也曾经是我们国家最为发达的产品，而且这种纺织的特有性能，创造了包装的新面貌和新形式，也使得包装在使用上更为普遍、携带上更加便利、功能上更加充分。

唐代的器皿制造可以说不仅在盛装物品上各有各自的功能，在各种器皿的外在装饰上也是颇具特色，包装物不仅要体现保护物品的功能，更要展现出一定的审美功能。唐代以后的各个时期包装容器均根据各时期的民族文化及生产技术等状况，呈现出不同的器皿状态和式样，也体现了更多的包装功能与审美追求。直至清代晚期，受外来文化的影响及西洋工业产品的大量涌进，我国的包装容器和包装形式才产生了重大变化，新的产品特征与新的包装形式逐步成为商品包装的主角，新的商业模式与营销观念也促使商品包装发生了全新的改变（图 2-24、图 2-25）。

图 2-24　1970 年陕西省西安市何家村出土的唐代“舞马衔杯提梁壶”

图 2-25　1994 年辽宁省绥中县出土的元代磁州窑婴戏罐

2.2.3　传统包装手段

造纸术及唐朝前期印刷技术的发明，开辟了包装作为专门物品并可以专门制造的先河。纸张用于包装，大大地推动了包装的发展，直至今日纸张仍然是包装的重要材料。最具完整意义的商品包装——宋代的“济南刘家功夫针铺仿单”便是最为典型案例（图 2-26）。由此可见，印刷术的发明及印刷与纸张的完美结合，对商品包装起着至关重要的作用（图 2-27）。

包装除材料和式样外还应该有包裹和加固手段，传统包装中的包裹、加固等“保值”手段与其产生的特有功能也是非常值得我们关注的，因为它们是当今所有商品包装形式的启蒙。

捆扎：这是一种人们经常采用的包裹和加固方式。捆扎的方法简便、加固效果显著并易于拆解，而捆扎用的绳索又可以起到一定的防震荡、抗撞击作用。另外，编织物从某种

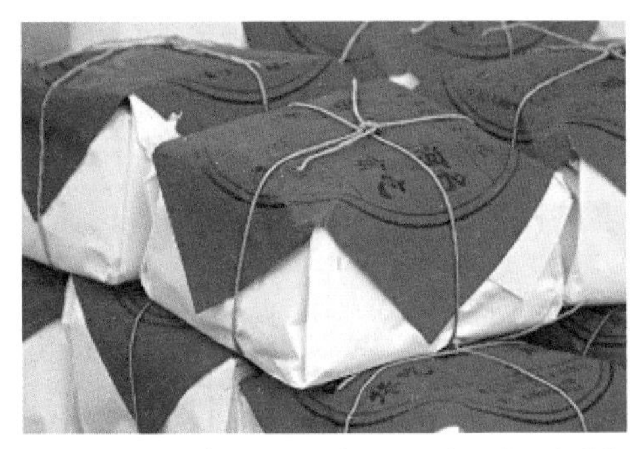

图 2-26　宋代“济南刘家功夫针铺”仿单

图 2-27　依然采用传统方式的“纸包形食品包装”

角度也可以说是捆扎的延伸方式，以藤条、竹片、麻绳等材料针对特定的物品对象，制作出相应的编织物并形成具有一定保护意义的“安全外衣”，这种形式在传统包装中极为普遍（图 2-28）。

衬垫：这种方式一般是指包装物内部的保护性措施。用相对柔软的物品在包装与被包装物之间作必要的衬垫和填充，常使用的材料有丝织物、植物纤维、棉絮、纸张、稻草等。这些衬垫物均具备一定的保护性能，以增强了包装的安全性。

密封：“木塞”的发明可以说从很大程度上解决了包装的密封问题，而且适用于多种不同的器皿和包装容器，是一种极为有效的保值方式。这种方式同样是现代包装中的重要形式。除此之外人们还发明了“封蜡”、“封泥”等防止物品挥发和泄露的办法，这些方法同样在相当长的时期里得到了广泛的沿用。另外，人们在长期的生产和生活实践中，还创造了许多包装的密封形式和方法，比如缝制、包裹、裱糊等（图 2-29、图 2-30）。

传统包装中还应该值得注意的是包装中经营理念的表达与诉求，这也是传统包装的重要方面。反映出了人们对商品品牌的理解和崇尚，以及品牌给予商家在争取抢占更多商机中的作用。如今，品牌已是生产与经营及参与市场竞争的的基本要素，而这种营销文化的起始源远流长。

伴随人类社会的不断进步，人与人之间的来往增多，物与物的交易越发频繁，运输便活跃起来。当时贸易来往的货物、物资和礼品虽都有不同形式的包装，但大多为集中式组装，

图 2-28　绳索捆扎与袋子捆扎形式的包装

图 2-29　密封陶瓷酒坛

图 2-30　安装纽扣的皮革帽盒

并不考虑市场销售等因素，于是便出现了为专门集中组装式运输的包装物。这与市场销售的包装显然不同。如今这种专门化的运输型包装依然存在，其材料和制作另有标准，属运输包装类，本书会有专门的论述。

总之，传统包装为我们开启了商品包装与设计的大门，也提供给我们众多的商品包装形式的启迪。

2.3 现代包装设计的发展

19 世纪后期美国零售市场就开始出现印刷促销性包装，并被大量用到了商品的零售业和邮购业中，这种新型的包装形式开启了商品包装带动商品销售的全新销售景象，可以说现代意义的商品包装由此发端。后来随着商品包装的大量使用，商品的流通和销售的地域范围也得到了空前的扩大，商品包装注重商品特征与相关信息的传播，使得消费者能够更多、更方便地了解商品，成了商品包装又一明显的特征和功效。从此，商品包装不仅要保护商品还要宣传商品，同时还要为消费者提供多方面的服务。特别是自选市场的出现，更是将商品包装提升到了代替人力进行促销的层面，同时也生发了市场对包装的愈加严格和完备的要求。

现代包装是在继承传统包装基本原理的基础上，经由工业化的生产方式，以及由这种生产方式所生成的全新生产与消费需求的洗礼，并日趋成熟。现代包装不再是单纯意义上的商品盛装物，同时也是一种特有的产品，与大批量生产的产品一样需要经开发、设计和生产，并成了自身特有的属性（包括物质属性与文化属性）和专门的功能和效应。因此完整意义上的商品包装应该从此时开始（图 2–31）。

19 世纪中后期美国零售业开始将印刷技术用于商品包装，并出现折叠式纸制品包装盒，这不仅大大降低了商品包装的成本，也使得纸制品包装的制作变得简便易行。印刷所产生的视觉效果和翔实的文字信息宣传，也使得商品包装的质量和品质得到了空前的提高。

图 2–31 1902 年美国的酒包装

2.3.1 注重装饰与美化时期

印刷精美所带来的商品包装的美感，是对过去单纯注重保护作用的商品包装的一大发展，也是对传统手工业时期的强调针对某种材料“精雕细刻”，以美化、粉饰为主的观念的延续和转换。商品包装的设计成了用绘画、花饰、图案等方式来美化商品的手段，当然必要的商品品牌、商品名称等也还是有的。这样的商品包装给人们带来的是朴素的品牌意识下的完全装饰意义的“唯美化”倾向。这种注重装饰和美化的情况在欧洲的工业革命后依然存在。应该切实地说，这种美化的方式在当时确实起到了一定的促销作用。即使在当今的商品包装中，对商品与包装的“美化”依然有其合理性和必要性，只是所显现出的风格式样有所不同罢了。不同的时期和不同的时代人们对美的理解和追求有所不同，这是客观的历史现象，这种现象也成了商品包装设计的不同时代特征和特定时期的营销需要（图 2-32~ 图 2-34）。

图 2-32　用绘画表现的早期香烟包装

图 2-33　老式包装铁盒

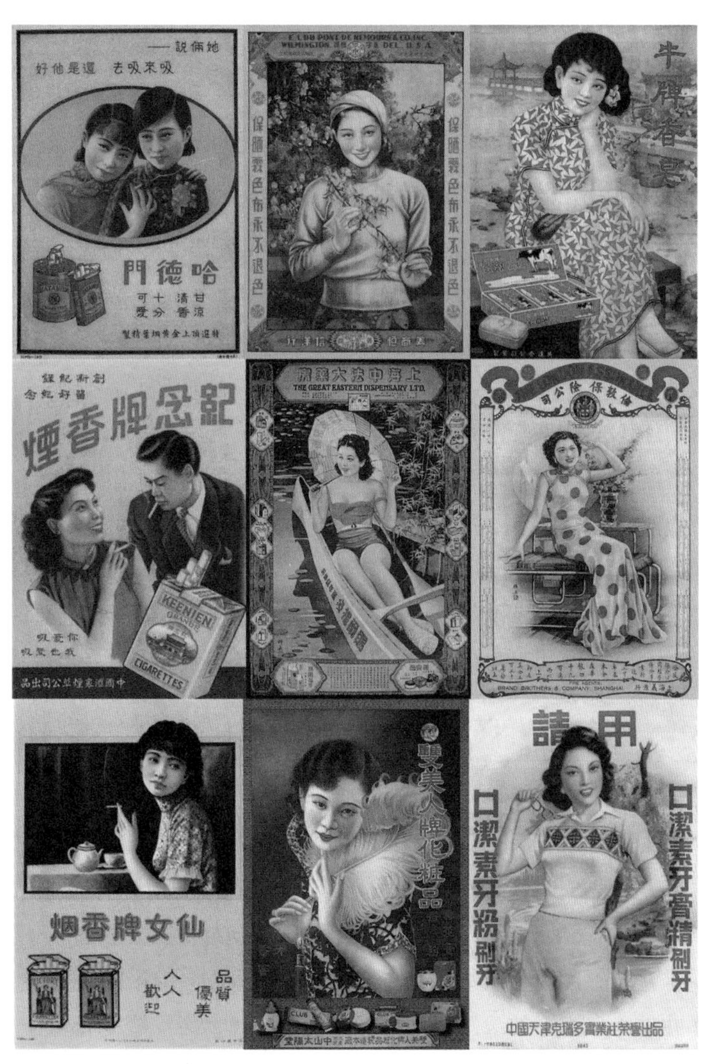

图 2-34　各种绘画、图案为主的商品包装

2.3.2 注重商品宣传时期

工业化社会在不断创造物质财富的同时，也带来了全新的市场营销形式，继而又推动了人们对物质财富的需求方向和需求标准。而以商品包装为载体，对商品的特有性质进行有效地宣传，对商品的品牌进行有效地传扬，不失为一种最为有效和最为便利的方法。商品包装要尽其所能地宣传商品，成了商品包装设计的一个重要任务。

商品的不断丰富及市场与经营上的竞争，也从客观上要求商品包装要将商品的特有面貌、独特性能加以着重表达。否则就有可能影响消费者的认知，从而丧失商品的竞争力，不利于商品的营销。注重品牌的传扬当然就更是必不可少的环节，用品牌来区分商品，用品牌来营造商品个性，用品牌来表达经营思想，用品牌来获得更多消费者的认知等，以求获得更多更大的销售利益，也成了商品包装设计的主流现象。另外，19 世纪末至 20 世纪初随着工业文明的不断深化，各种艺术思潮和艺术运动相继出现，并直接影响着商品包装的设计和面貌。“新艺术运动”、“包豪斯”及第二次世界大战结束后的综合现代主义、构成主义等风格流派的国际平面设计风格等，对商品包装设计在艺术形式与表现风格上给予了众多的影响和推动作用（图 2–35）。

2.3.3 全面发展和走向完善时期

市场经济的逐步成熟和日益繁荣，给商品的开发带来了空前的发展契机。而越发激烈的市场竞争也给商品的营销提出了更严峻的挑战。但这种挑战被由工业化应运而生的设计担当了起来。正如柳冠中先生总结的那样，“现代设计在当今世界，不仅是一种综合科学与技术的生产力，同时也已是工业社会及后工业社会时代的新型文化形态……现代设计之于今天‘已一跃成为与生产产品本身具有同等地位的生产、经营要素，而非昔日为人作嫁衣的附属地位与装饰性质而已’。现代设计‘更深层地和更广泛地，早已成为蕴育有科学预见的，超前认识的组织与规划因素来发展未来世界的重任’。”因此，这种挑战不仅没有使商品包装受到任何的负面影响，反而为商品包装设计提供了更为丰富的发展资源，进而促进了商品包装设计从理论到实践的愈加成熟和完善。使我们不论是在对商品包装的认识上，还是在对当代商品包装设计的成果上都取得了更加显著和有效的收获和更深化的感悟。即商品包装设计已是社会生活、经济运作、市场竞争的必备载体，甚至成了商品生产与销售的主要乃至带动需求的“生力军”。

设计实践的逐步成熟，带动了艺术设计教育的普及与发展，并且日趋科学化和系统化。企业与市场对商品包装设计的需求，在专门化的设计与技术部门得以解决，各种包装和印刷业制造能力的大幅提高也似为商品包装设计提供了可以高飞的翅膀，设计的水平与制作质量史无前例。这时的商品包装与设计已是一种市场与营销的象征，更成了一种经济现象。如今，当我们迈步商海，俨然一派商品包装的海洋。而当我们身处这片海洋中时，不仅为其丰富至极所惊叹，更是听到了“企业的生存及产品的市场竞争更深层地影响来自商品包装设计——这一市场及社会优胜劣汰事实”的滚滚涛声。有人说，现代社会是造就完美和极致的时代。这可以在如今的包装设计中得到最充分的验证（图 2–36）。

图 2-35　老式商品标签

图 2-36　新一代包装面貌

2.3.4　理性思维　全面创意时期

社会经济文化的高度发展催生了商品包装的全新价值体系，而这种体系的不断完善形成了当今商品包装设计的完整价值与意义。商品包装所涉及的材料、经济、艺术等多方面学科领域的特性，也使其成了一种更加具有综合性的学问与知识技能，并在文化与经济领域中散发着重要的能量（图 2-37~ 图 2-40）。

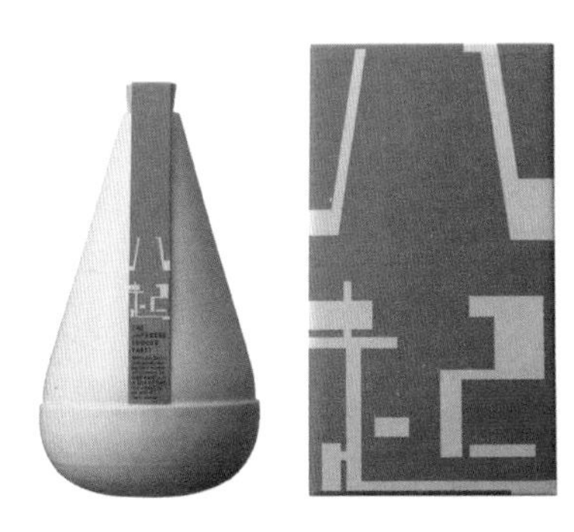

图 2-37　八起烧酒（日本）

图 2-38　突出风格个性的商品包装

图 2-39　突出时尚风格的包装

图 2-40　新时代品牌特征的包装

当今世界的知识经济特性，将知识和信息的生产、分配及使用等与经济本身有效结合，知识资产成了企业发展的关键性的资产。品牌、服务、信息等也已是企业获得竞争力的重要依靠。企业文化业已成为企业内在发展的核心动力。这些因素最终要通过商品包装这个载体来实现,靠商品包装设计来获益。商品包装与设计不仅担当着包装功能的物态科技成分的责任，还担当起了传播文化和引领消费的角色。

包装功能的物态科技成分是指包装的科技应用，即大量的科技成果，如新技术、新工艺、新材料、新设备在包装材料、包装印刷、包装设计制造等工艺上的应用，以提高物态包装的功能效应，同时满足人们在物质消费中方便、安全、使用的需求。科技应用还可以降低包装的经济技术指标，以求达到优质高产、经济有效、环保健康。包装功能的物态科技成分是商品包装健康持续发展的重要保障。

项目小结

本项目分为三个实训部分，其中包括包装设计的形成与发展、传统包装设计的演变、现代包装设计的发展。在这三个实训环节中我们必须掌握我国包装设计历史的发展进程，了解各个时期包装设计的设计风格。

在传统包装的发展中，应熟知由于材质、形式、手段的不同所带给人们不同的包装设计；在现代包装设计的发展中，应该注意在各个时期中包装设计的特点，熟悉掌握包装设计的发展进程，为我们以后的设计奠定基础。

本项目中需要同学们熟练掌握各个历史时期包装设计的特点，熟知各个时期中包装设计的材料、形式、手段，为我们今后的包装设计提供理论支持和帮助。

课后练习

1）包装设计市场调研与资料收集实训

（1）收集包装设计各个阶段的资料。

（2）整理包装设计各个阶段的信息。

2）包装设计信息提炼与分析

（1）提炼不同形式包装设计信息分析数据。

（2）传统包装设计与现代包装设计的共性与不同。

项目三　包装设计的创意构思

项目任务

1）理解包装设计的定位，熟练地掌握品牌定位、产品定位、消费者定位的含义；

2）包装设计中形态设计的理解和掌握；

3）重点把握器型设计和盒型设计的设计方法与制作。

重点与难点

1）如何掌握包装设计的定位，使设计定位能够准确地阐释包装设计；

2）如何制作器型设计和盒型设计。

建议学时

24 学时。

3.1 包装设计的定位

在市场中包装设计的先决条件是消费者的需求。销售是商品营销的目的。目标市场以及目标消费群体是商品的开发、经营需要所研究的前提条件，这便有了所谓的商品“定位”。包装设计既然是营销的重要环节之一，那么设计者就必须考虑与经营相关的设计定位问题。

在包装设计中，设计定位尤为重要，它会使包装设计的整体风格、功能更明确，并对商品的营销起到显著的效果（图 3–1、图 3–2）。

20 世纪 50 年代出现的“定位理论”，后又经不断积累完善并被用于广告业。21 世纪初特劳特与里斯又将“定位”进行了更加系统和完整的研究，其成果一度成为引导企业和商家摆脱经营困境的方向标。但如何建立其企业的品牌意识和更加有效的营销理念仍然是核心问题，并使之成为企业的核心竞争力。

有效地进行市场定位无论是对新产品的开发，还是对已有商品的改进和完善，都是获取市场份额、增强自身竞争力的重要手段。包装是否具有销售力，是与产品内容、消费群及销售地点紧密联系在一起的。商品包装设计的定位要求设计必须顺应由于物质的丰富所带来的消费市场的细分，以及消费的个性化的发展趋势，以消费者的需求为目的，科学地分析产品物质属性与价值及品牌等非物质属性与价值、消费者需求状况的对应关系，并以此作为商品包装设计的基础，以最为恰当的设计主张去迎合目标消费者群体的需要。商品包装设计无疑

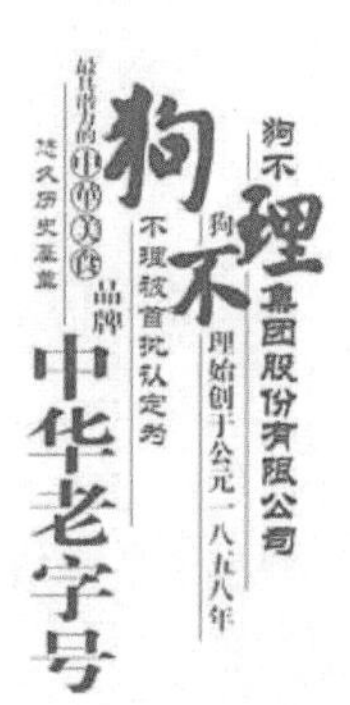

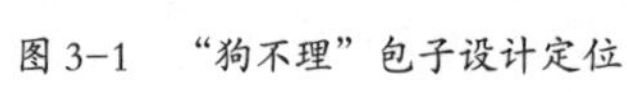
图 3–1 “狗不理”包子设计定位

图 3–2 津酒的设计定位

要在定位问题上予以认真对待。

3.1.1　品牌定位

在纷繁的商品中，商品的个性化标志非常重要，如何做到该产品能够有效地区别于其他产品，品牌便是最为有效的方式。因此，设计构思的基础条件是设计师必须先要了解产品的包装属性、类型、特点，以及特殊要求等，才能够依照产品的本身设计出符合其身份的包装设计。

“品牌是一种名称、名词、标记、符号或设计，或是它们的组合运用，其目的是借以辨认某个销售者或某群销售者的产品或劳务，并使之同竞争对手的产品和劳务区别开来（美——菲利普·科特勒）。”

企业根据市场细分和目标市场的要求，来确定品牌及其产品在市场的位置，而创造这种定位的基础便是品牌的独特面貌和经营主张，这便有了品牌定位，这种特色主张不仅会生成相应的品牌塑造和经营战略及市场营销计划，也会引发一系列相关的定位（包括价格定位、服务定位等）。商品包装的设计定位以品牌定位为基础，因为在这种整体品牌战略中商品包装设计起到一个重要作用。包装设计的真正使命是体现品牌的独特主张，真正成为塑造品牌并传播品牌特色理念的载体。产品及企业的“身份”是由品牌来区分的，品牌的这种有益于辨认和区别的功能被彰显出来，同时也显现了品牌背后的特色经营理念。

商品包装设计在塑造品牌和传播品牌特性方面应该注意做到：①彰显和突出特色与品牌形象。品牌形象的特殊视觉功能，会给消费者带来一定的心理和感官提示，品牌的形象设计与品牌所特有的差异化定位理念相关（图 3-3）。②规范使用品牌的名称、名词、标记、符号、

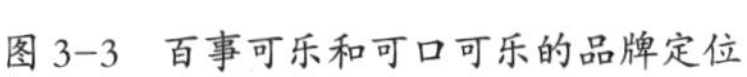
图 3-3　百事可乐和可口可乐的品牌定位

图 3-4　剃须刀包装

图 3-5　宠物商品包装设计

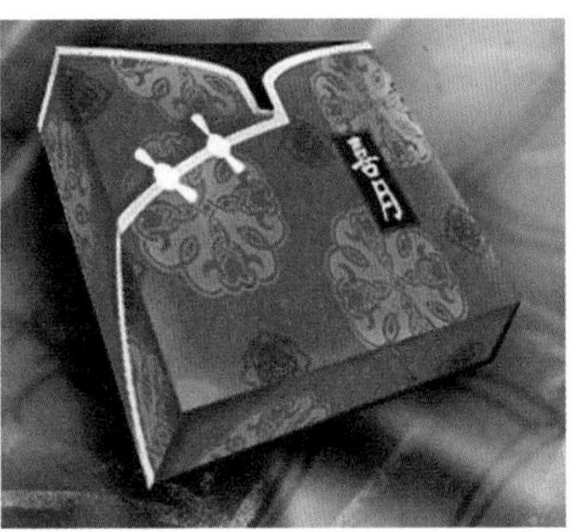

图 3-6　针对女性的包装设计

图形等要素，并确保其效果的呈现（图 3–4~ 图 3–6）。

3.1.2　产品定位

进入市场参与竞争的前提是产品特质，其也是产品的“个性化”体现。产品的细分更使得产品之间拒绝雷同。只有产品的“个性化”差异才会引发消费需求的现实，这要求产品不仅要具备一定物质上的特色，还要具备经营与促销方式上的独具匠心，这是商品包装设计的重要基础和创意来源。

①产品特色定位，即差别化定位：指通过自身产品与同类其他产品的明显区别，来争取特定消费群体的营销策略。就如当今食品市场中一个简单的口味“微辣”、“香辣”、“极辣”、“爽辣”等，样样俱全，突显其口味的不同，可以说“差异”给设计带来不同的结果。产品的特色除功能上的差异外，应为消费者提供各销售环节的服务特色，同样可以形成商品的差异化特征（图 3–7）。

②产品的档次与价格定位：产品的档次与价格定位同样也是商品包装设计中要重视的环节，由市场细分所致产生出不同档次的产品，产品须具有档次乃至价格上的区别是由不同的生活需求标准和状况所定。但应该注意的是名牌产品更应该着重体现其优良的品质与非物质的因素。即在包装上突出对文化特色的表现，如对于商品、地方特色商品和区域工艺品等的包装，这种定位有非常贴切的表现力，在具体表现上还应注意非物质要素与消费心理的结合。某些产品的原材料由于产地的不同而产生了品质上的差异，因而突出产地就成了一种品质的保证（图 3–8）。

图 3–7　以消费者所需颜色定位，突出商品色彩差异

图 3–8　高档白酒产品的档次与价格定位

3.1.3　消费者定位

消费者的消费层次、消费标准及消费理由均有所不同，所以针对不同消费群体的差异化定位非常重要，可以说消费者是商品销售的终端。其包括地域差别、生理特点、心理特点等因素，而不同人群的不同特点、生活条件、年龄个性的特征、对产品的使用经验等都可能对他们的消费行为和消费准则起到决定性的作用。最有效的营销手段，就是提高区别这些不同的消费需求的能力，其中最能打动消费者的便是适应消费者的喜好和情感要求（图 3-9~ 图 3-12）。

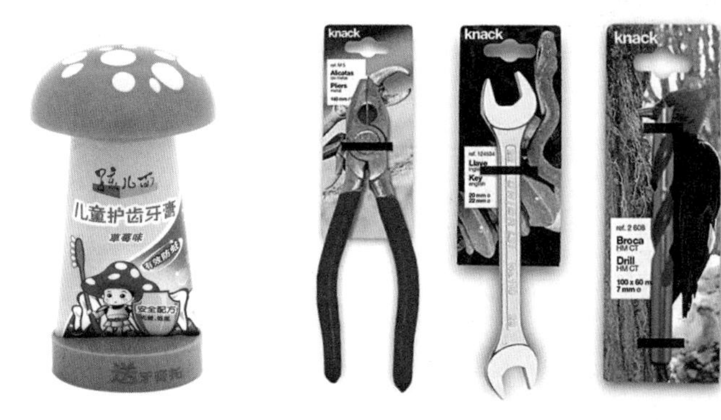

图 3-9　针对儿童的包装设计　　图 3-10　针对维修人员的包装设计

图 3-11　针对宠物的包装设计　　图 3-12　针对女性的包装设计

3.1.4　创意定位

所谓创意即是追求别具匠心、出奇创新、彰显意境、表达个性。在方法与技巧上的简单提升无法体现出创意，创作者精神与心灵上的自我改造是创意的源泉，创意达到“张扬个性”，这才是创意的真正价值（图 3-13~ 图 3-16）。

创意可以说是思考上或者灵魂中的“框架”，也是解决问题的过程与方法。我们可以理解为：是设计者在创造的同时既要发现问题的所在，还要拥有解决的办法来达到人们的需求。商品包装设计的创意也不例外。首先在寻找问题过程中去思考前面讲过的有关定位的问题，这样才能有的放矢地更好为自己的设计做好前期准备。下一步就是要解决问题，利用我们的设计原则和方法去逐一地解决问题。在创意过程中我们不能丢失“发现问题”和“解决问题”其中的任何一项。因为仅强调创意是一种“空谈”，仅强调解决问题的方法显然缺乏创意的核心意义。

图 3-13 酒瓶子的创意

图 3-14 啤酒包装的创意

图 3-15 工具零件的创意　　　图 3-16 容器器型的创意

教学中我们常常会遇到“空谈”现象,学生对于所要做的设计会有许多想法和构思——“天马行空”的想法,但在解决和实现这些想法的环节上却无从下手,便形成一种形而上的“空谈”,更无从谈到最终的设计结果。这种“空谈”在我们的现实中会屡屡出现，这样的现象是应该被设计所排斥的，因为不要忘记设计的最终目的是要解决问题。还有一种荒唐之举就是设计者忽略了为什么设计的问题，在设计的过程中只是注重设计的效果及形式特色。单纯的形而上学是不可要的，创意的生成并非只追求设计的表面样式所能概括，创意是认识事物的深度、情感的表达、设计的表现欲望等混合起来的结果。

智慧的思想是创意的来源，智慧的思想是主观对客观事物的认识与理解，设计者为自己设定的题目与题目的深度充分表现了设计者智慧的思想。为什么我们要在做设计之前大费周折地去做市场调查和研究，因为只有这样做才可以激发出设计者的创意和灵感，进一步说明创意的智慧还在于对客观事物的发现和观察。“发现和观察”可以有效地加深我们的认知，是解决问题的途径与方法,同时“发现和观察”又会支撑我们的创作,使我们的设计不会变成“无本之木、无源之水”。

设计者要解决的“设计什么”的问题，设计者对于设计主题的确定是设计的第一任务。目标明确才可能有好的创意，进而形成一个明确和完整清晰的设计概念。而寻找主题确实是设计的重中之重，这便考验设计者是否拥有广泛的知识和丰富的生活阅历，同时还要对所要

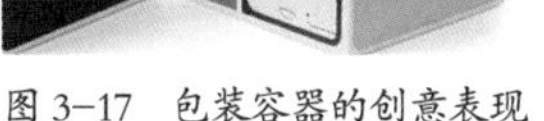
图 3-17 包装容器的创意表现

图 3-18 密封包装的创意表现

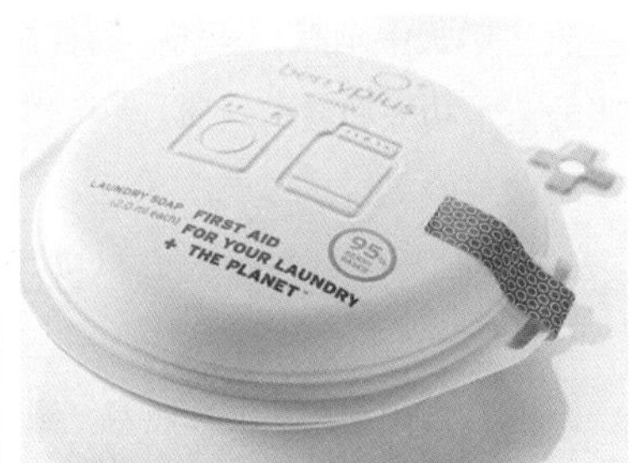

图 3-19 医疗品的创意表现

表现的事物进行多角度、多层面的认知与研究（图 3-17~ 图 3-19）。

而对事物的认识程度，往往又会决定我们发现的层次和广度，发现的程度又决定着我们创意的灵感和质量。优秀创意灵感是来自于对事物敏锐洞察的积累。好的灵感要求设计者必须具备充分的联想与想象能力，这正是各种创作活动中不可缺少的思维方式。联想与想象使任何事情都可能在我们的创意作品中发生，这要看我们的想象力到底有多大、多广。联想应该包括创作者自身的联想和想象，也包含作品给观者所带来的想象空间和联想余地的可能。

在商品与包装的领域中我们发现创作的空间和条件巨大而宽阔，这正是设计师展开联想和想象的沃土。另外，创意的准确度还要求创意者应随着时代的变迁调整好自身的角度，以及自身在创意的过程中角色的调整，以致达到精神层面的调整。商品包装的设计与创意，既需要有经营者的机敏，又要有消费者的心态，还要有艺术家的见解。在商品包装设计的表现上我们常常提及“视觉效果”或“视觉吸引力”。所谓的视觉效果和视觉吸引力应该同属解决问题的方法，这种方法的背后既有“发现”的问题，也有“智慧”的问题，还有如何理解视觉效果和视觉吸引力的问题。从根本上说视觉效果和视觉吸引力所谋求的是，既在视觉上具有一定的感染效应，也需在人们的心理上起着影响，甚至是干预的作用。这对于商品包装设计的营销成败起决定性作用（图 3-20~ 图 3-22）。

当然，创意中的视觉效果和视觉吸引力是通过艺术修养和丰富的艺术表达能力来进一步展现的。在设计中体现“独具匠心”要考验的是设计者思考方式和独特的表达形式，其中这

图 3-20 酒瓶创意

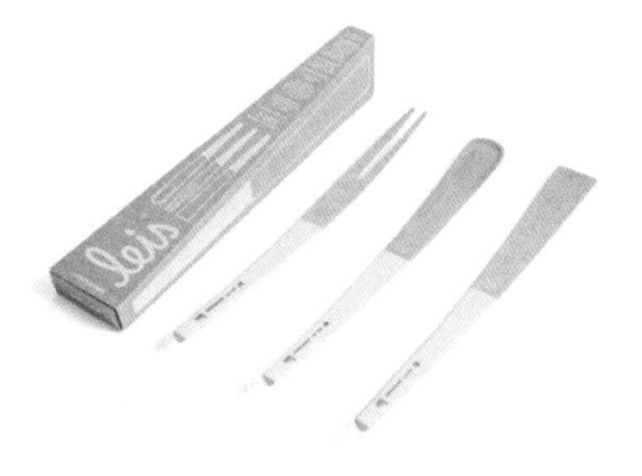
图 3-21 包装创意

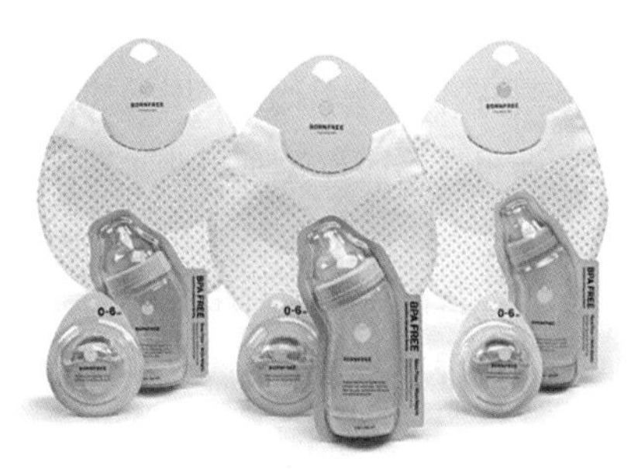

图 3-22 创新服务型包装

些表达形式中幽默、夸张，同样可以表现出设计的方法。所以要求每一个设计者需要具备坚实的艺术功底和艺术气质。

3.2 容器包装造型设计

在日常生活中，液体物品，例如酒、饮料、清洗剂等或者是散装的颗粒物品，例如调味品，我们很多的物品是使用容器进行盛装，或商品在容器成装以后直接进行销售。常见的容器包装一般包括塑料、木材、金属。

所以在保障设计中包装容器的造型设计显得尤为重要，设计的过程中我们会考虑到物体的实用性、美观性、可重复利用性等，以及衍生到物体本身的材料质感等诸多因素都是要考虑到的因素，最重要的是保证物体盛装的功能性（图 3–23~ 图 3–25）。

图 3–23 玻璃容器造型设计

图 3–24 金属容器的造型设计

图 3–25 纸质容器的造型设计

3.2.1 容器包装设计的特性

1. 保持商品的实用性

实用性应该是设计时必须考虑的，在构造中能够充分满足物品的自然属性。例如，由于白酒的特性，所以在设计白酒瓶口时我们常常要比瓶身要小，这样既方便倾倒，又会保证量的多少。又如饮料类包装容器便于携带的特点被设计得完全合理巧妙。

包装容器的造型是大同小异，只有在其商品属性的基础上进行设计，如具有气体压力的商品，在容器设计上应采用圆柱体外形以利于膨胀力的均匀分散；具有腐蚀性的产品就不宜使用塑料容器而最好使用性质稳定的玻璃容器；具有黏稠性的商品如酱类、医用药品等，容器开口要大以便于使用（图 3–26~ 图 3–29）。

2. 保持商品的便利性

在日常生活中我们常会遇到很难开启的包装，相比之下携带和开启方便的商品就会得到消费者的青睐。一个精心设计的小小装置虽然会增加少许成本，但却给消费者带来很大的便利，这些也必将转化为效益。

图 3-26　皮面盒式包装（1）

图 3-27　皮面盒式包装（2）

图 3-28　实用性商品包装

图 3-29　容器类商品包装

3. 保持商品的审美性

容器造型往往会给人带来独特的美感，其造型形态与艺术个性是吸引消费者的主要方面。容器的造型性格与产品本身的特性应该是和谐统一的，这样会使产品具有一定的视觉冲击力（图 3-30~ 图 3-33）。

4. 保持商品的工艺性

选择材料的不同会直接影响到产品最终的预期，所以说加工不同材料的容器会有不同的制作工艺。作为设计师应该了解一些使用材料和加工材料工艺的基本常识，使最终设计的物品能够得到最好的展现（图 3-34~ 图 3-36）。

图 3-30　现代包装的便利性

图 3-31　现代包装的灵活性

图 3-32 电池包装便利性的体现

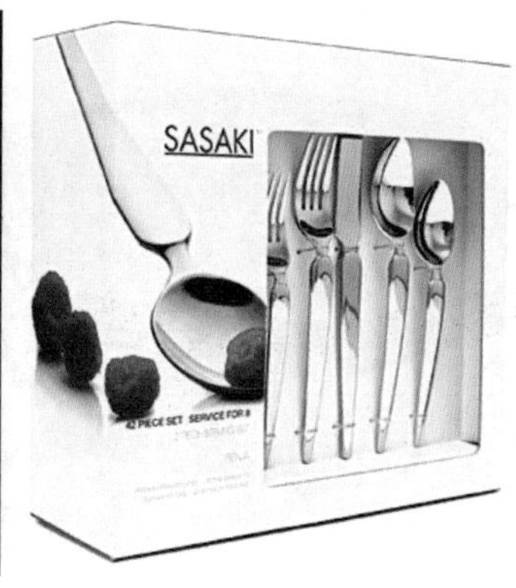

图 3-33 餐具包装便利性的体现

图 3-34 包装时尚工艺的体现

图 3-35 玻璃工艺性的体现

图 3-36 具有个性的工艺性展现

3.2.2 容器包装造型设计的方法

1. 容器包装造型设计的思维方法

容器包装造型设计在设计的思维方法上应该是多样式、多角度地进行考虑。因为容器造型设计属于三维立体造型设计，所以要求设计者具备多元化的设计思维。

1）体块加减法：对一个基本的体块进行加法和减法的造型处理是获取新形态的有效方法之一。对体块的加减处理应考虑到各个部分的大小比例关系、空间层次节奏感和整体的统一协调。对体块进行减法切割可以得到更多体面的变化，做的虽然是“减”法，实际上却得到了“加”的效果（图 3-37~ 图 3-41）。

图 3-37　化妆品造型设计（1）

图 3-38　化妆品造型设计（2）

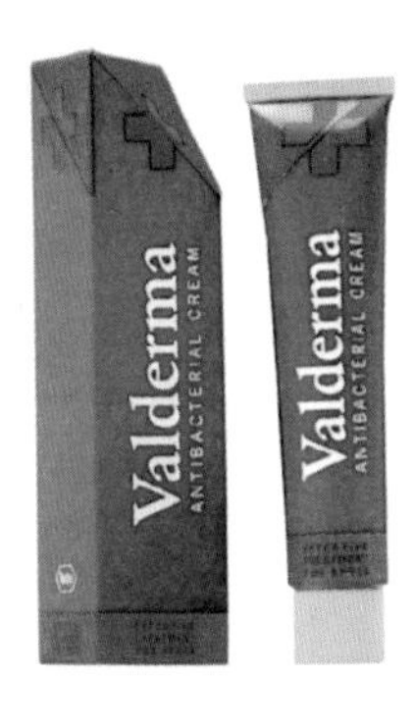

图 3-39　容器包装“加减法”

图 3-40　“方”中带“圆”

图 3-41　容器包装体块加减法

2）造型仿生法：在自然界中的人物、动物、植物、山水自然景观中，充满着优美的曲线和造型，这些都可以作为我们设计造型的构思参考。可口可乐玻璃瓶的造型据说是参考了少女躯干优美的线条来设计而被人们津津乐道。与此同时可借助概括、抽象、提取等方法进一步将设计推到一个新的高度（图 3-42~ 图 3-46）。

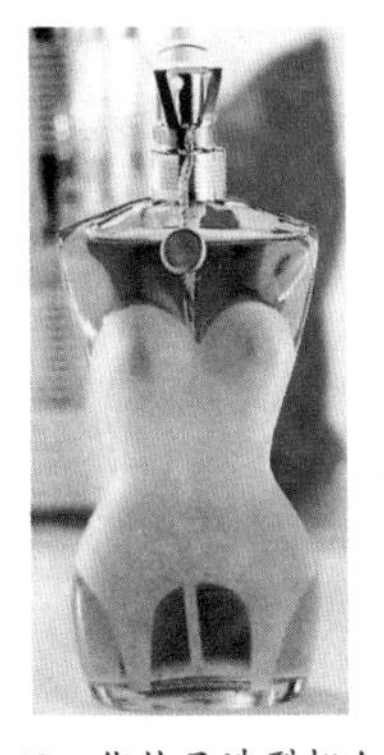

图 3-42　化妆品造型拟人设计

图 3-43　拟人设计包装

图 3-44　拟物的造型设计

图 3-45 仿生的造型设计

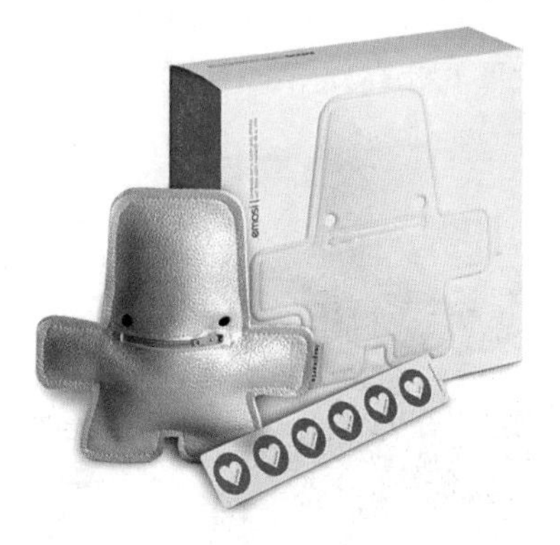

图 3-46 卡通式包装造型设计

3）不同的材料应用法：不同材料会给设计者带来不同的设计理念，即使应用同样的材料也会创造出不同的效果，例如玻璃，我们可以借助玻璃不同的质感（平面、磨砂、纹理的不同）效果应用到我们所需要的设计之中。在整体造型统一的设计前提下，包装容器造型设计可以使商品增添丰富多样的个性化特征（图 3-47~ 图 3-51）。

容器造型的设计程序根据物体的本身特性制定出合适的方式进行包装——进一步形成准确的设计定位——在确定好定位的基础上对材料进行选择——最终考虑到设计的结构、造型、加工等环节。

图 3-47 铁质容器造型设计

图 3-48 玻璃材质的造型设计

图 3-49 塑料材质造型设计

图 3-50 铁质材料包装

图 3-51 复合材料包装

2. 容器包装造型设计的步骤

1）初步设计草图和效果图：一般的设计过程，都要经过草图、效果图、模型制作和结构图绘制这几个环节。设计初期最为简便的是利用草图和效果图体现设计想法，便于在设计初期进行修改。效果图通常只要求表现出体面的起伏转折关系和大致的材质及色彩效果即可。容器造型设计从创意到整个过程中须经过不断地修改完善以达到完美（图 3–52、图 3–53）。

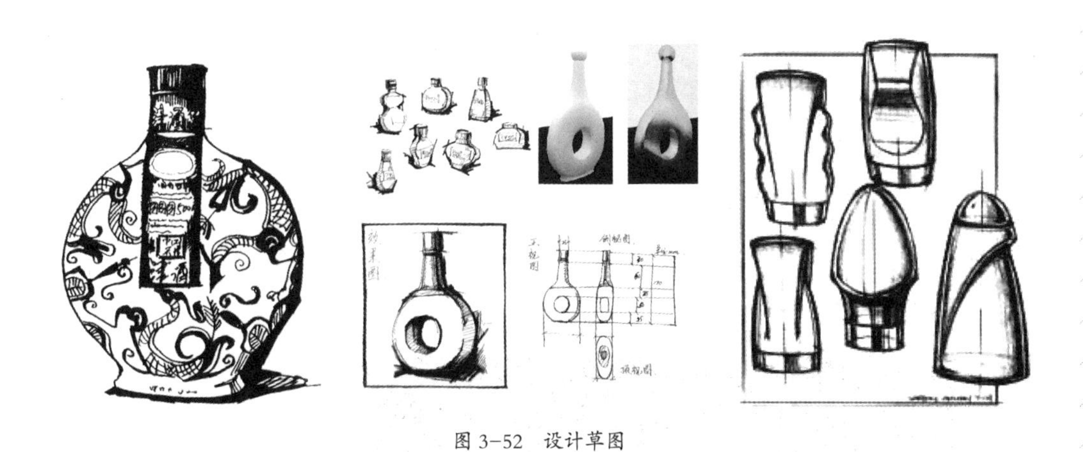

图 3–52　设计草图

图 3–53　容器造型（香水）草图

2）模型制作：过去传统的方法是利用石膏、泥料、木材等制作模型，其中以石膏的运用最为普遍。随着 3D 计算机成型技术的发展，利用 3D 技术作为验证手段也是一种有效的方法，并且设计数据可以真实直接地反映到生产环节当中（图 3–54~ 图 3–57）。

图 3–54　液体容器包装设计模型　图 3–55　“甜蜜的爱情”模型

图 3–56　“天真的情趣”模型　图 3–57　造型设计包装

3）结构图：结构图是容器定型后的制造图，因此要求标准精密，严格按照国家标准制图技术规范的要求来绘制。目前国际上通常借助相关的辅助设计软件来完成这部分工作（图 3–58~ 图 3–62）。

图 3–58　造型包装设计的合理性　图 3–59　容器造型的规整　图 3–60　创意式包装设计

图 3-61　产品造型设计的合理性

图 3-62　结构的合理表现

4）容器造型的成功案例（图 3-63）。

图 3-63　酒类容器包装

3.3 盒型包装造型设计

这一节主要目的是使学生了解纸盒设计的基本尺度要求，各种折叠线的分类和功用，及纸盒各部分的名称，为进一步学习奠定必要的基础。包装纸盒一般情况下都是以折叠压平的形态从印刷厂印刷出来，因此在运输过程中占用空间少，自然可以降低运输和存储的成本，这也是纸盒包装的一大特点（图 3-64、图 3-65）。

市场中的扑克牌包装多是使用简单方块盒包装，盒面上多印有复杂的花纹，企业形象及扑克特征不突出。

此系列扑克包装追求与市场化风格背道而驰的极为简约的设计手法，使用透明胶片与单色特种纸相结合，强调其对比，运用异形的造型方式赋予产品独特的个性，强调扑克本身的特色，使消费者对此类产品产生兴趣。

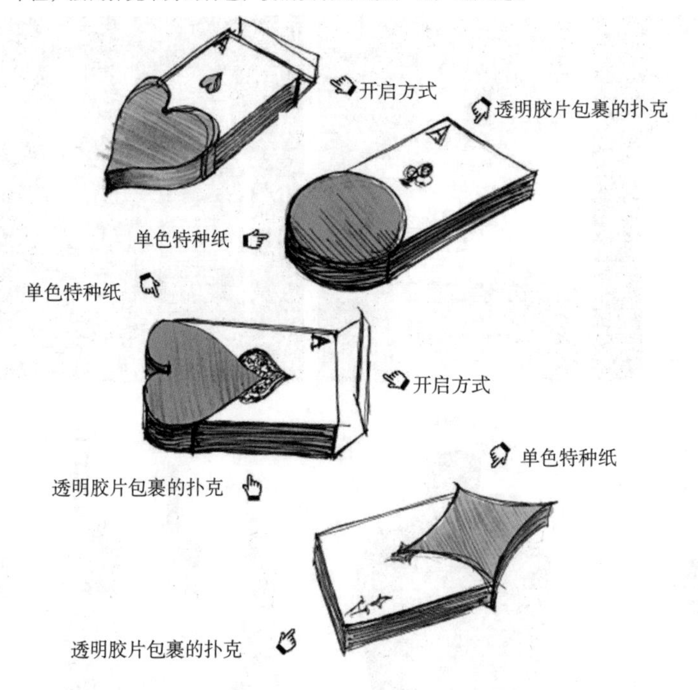

图 3-64 扑克牌包装设计草图

图 3-65 扑克牌包装完成稿

3.3.1　盒型结构

盒型结构的变化从外观上直接决定纸盒的造型特点和设计个性。因此，在设计中盒体的变化就显得格外突出。

盒体结构的主要形式分为直筒式和托盘式两大类。

直筒式的最大特点是纸盒呈筒状，盒体只有一个粘贴口，可形成套筒用以组合、固定两个或两个以上的套装盒；或由盒体两头的面延伸出所需要的底、盖结构。而托盘式，则纸盒呈盘状，它的结构形式是在盒底的几个边向上延伸出盒体的几个面及盒盖，盒体可选用不同的栓结形式锁口或粘合，使盒体固定成型（图 3–66、图 3–67）。

此外，上述两大类中又有多种变化形式，以下将要介绍 6 种盒体结构的变化形式：①摇盖盒；②套盖盒；③陈列盒；④手提盒；⑤方便盒；⑥趣味盒。这 6 种方式，结构的确定也主要视所包装商品的大小、轻重、形状等外观因素及便于纸盒成型而定。从纸盒的造型结构与制造过程看，大致可分为折叠纸盒和固定纸盒两大类。

1）摇盖盒

这是结构上最简单、使用得最多的一种包装盒。盒身、盒盖、盒底皆为一板成型，盒盖摇下盖住盒口，两侧有摇翼。最为常见的摇盖盒就是国际标准中小型反相合盖纸盒。由于它所使用的纸料面积基本上是长方形或正方形，因此是最合乎经济原则的（图 3–68~ 图 3–71）。

图 3–66　直通式包装设计

图 3–67　托盘式包装设计

2）套盖盒

即盒盖（天）与盒身（地）分开，互不相连，而以套扣形式封闭内容物。虽然套盖盒与摇盖盒相比，在加工上要复杂些，但在装置商品及保护效用上，则要理想些。而从外观上看，能给人以厚重、高档感。因此，多用于高档商品及礼盒上（图 3-72~ 图 3-75）。

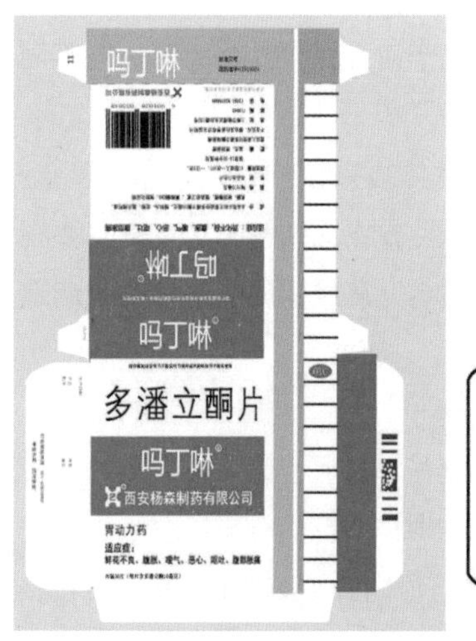

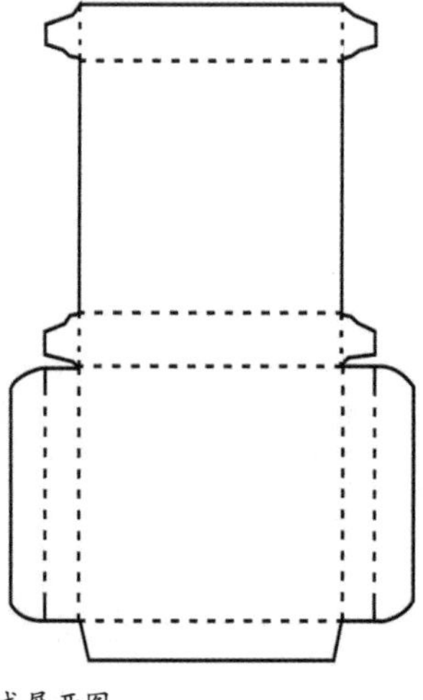

图 3-68　摇盖式展开图

图 3-69　摇盖式盒型

图 3-70　卡通人物摇盖式包装

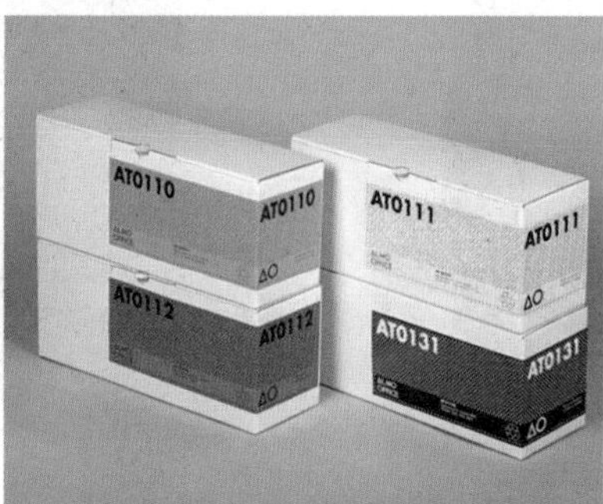

图 3-71　商品摇盖式包装

图 3-72　套盖盒型

图 3-73　套盖盒型商品设计

图 3-74　在商品中套盖的应用

图 3-75　套盖包装设计在设计中广泛应用

3）陈列盒

在货架或柜台上陈列时可形成一个展示架。它的主要变化在盒盖部分，盖子根据盒面的图形文字，起着广告宣传的作用。盖子放下后，即可成为一个完整的密封包装盒，有效地保护商品（图 3–76~ 图 3–78）。

图 3–76　开窗式盒型

图 3–77　开窗式盒型的商品展现

图 3–78　开窗式盒型的创意展示

4）手提盒

手提盒是一种从手提袋的启示发展出来的包装，其目的是使消费者提携方便。这种盒形，大多以礼品盒形式出现或用于体积较大的商品。提携部分可与盒身一板成型，利用盖和侧面的延长相互锁扣而成，可附加塑料、纸材、绳索用做提手，或利用附加的间壁结构（图 3–79、图 3–80）。

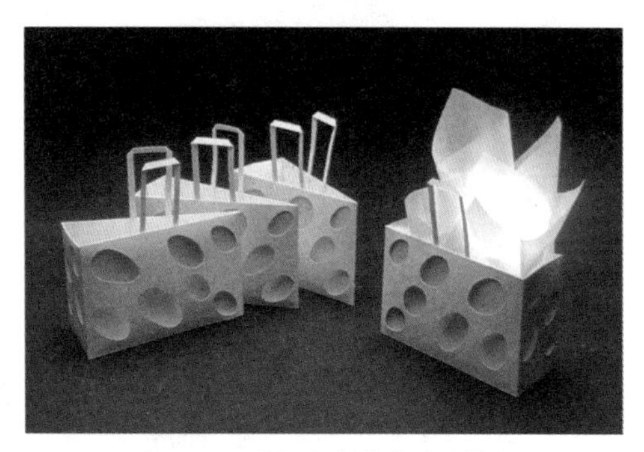

图 3–79　手提式包装浪漫的情怀

图 3–80　手提式包装家用清洁剂包装

5）方便盒

方便盒的最大特点是以解决消费者反复取用商品带来麻烦的问题为宗旨，并结合商品的特性来设计结构。当盛装粉粒状商品，如洗衣粉、巧克力豆、麦圈等，可用带有活动小斗装置的方便盒，活动小斗可一板成型制成，也可用金属材料做附加结构。当盛装相对独立的商品时，如化妆品、小礼品等，可采用自动启闭结构的方便盒（图 3–81~ 图 3–84）。

图 3-81　方便式蜡烛包装

图 3-82　方便式商品包装

图 3-83　方便式茶叶包装

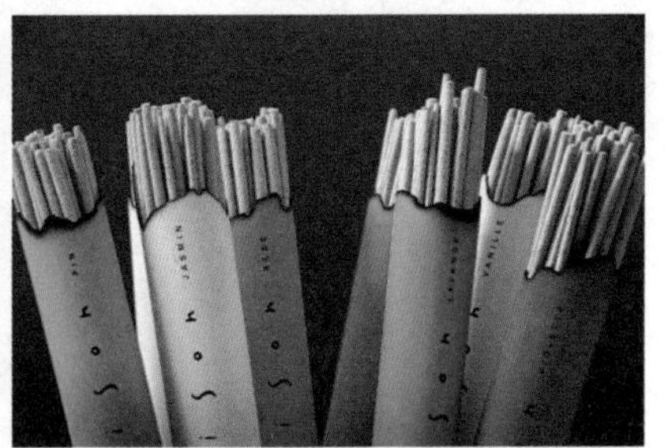

图 3-84　方便式香包装

6）趣味盒

以上 5 种纸盒结构多以六面体出现，而趣味盒则是在此基础上加以变化、发展形成的极具特色的结构形式。它或以抽象型的变化出现，如盒身边线由直线变成弧线；或以具象型的变化出现，如仿照物体的形态来进行造型设计，包括动物、植物和其他物体。由于趣味盒的新颖多姿，增加了消费者，尤其是青少年和儿童在选购商品时的兴趣（图 3-85~ 图 3-89）。

图 3-85　瓷器中趣味式包装

图 3-86　趣味式包装的展现

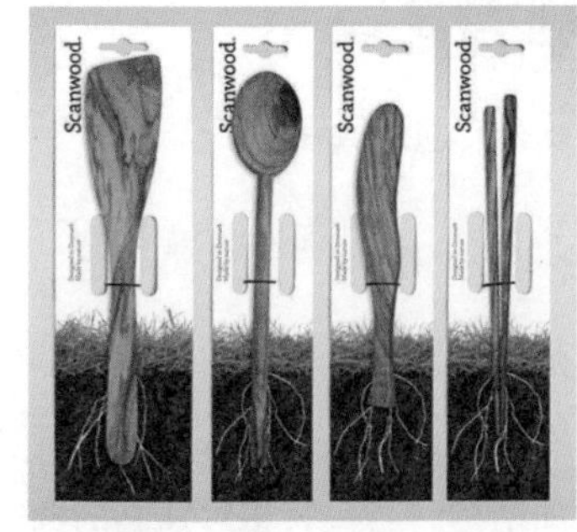

图 3-87　趣味式包装合理性

图 3-88　趣味式包装的灵活性

图 3-89　趣味性包装给人们带来的想象空间

盒底结构在整体设计纸盒结构时，盒底部分的结构设计是值得重视的。因为底部是承受载重量、抗压力、振动、跌落等影响时作用最大的部分。在进行结构设计时，精心设计盒底结构，可以为成功的包装设计打好基础。根据所包装商品的性能、大小、重量，正确地设计和选用不同的盒底结构是相当重要的一步。

图 3–90　插口式封底

1）插口封底式

这种结构一般只能包装小型产品，盒底只能承受一般的重量，其特点是简单方便，在普通的产品包装中已被广泛应用。根据测试数据，采用插口封底式结构，盒底面积越大，其负荷量越小。因此在设计大的包装时要加以注意，一般可以在插舌或摇翼部分做些改良，不但能增强盒子的挺括程度，还能增加一定的载重量（图 3–90）。

2）粘合封底式

这种结构一般只能用于机械包装，这种在盒底的两翼互相由胶水粘合的封底结构，用料节省，盒底也能承受较重的分量，包装颗粒产品时可防止内容物漏出，而且耐用。常见的谷类食品盒就是这种结构（图 3–91、图 3–92）。

图 3–91　粘合封底式包装设（1）

图 3–92　粘合封底式包装设计（2）

3）折叠封底式

这种结构是运用纸盒底部的摇翼部分设计成几何图形，通过折叠组成各种有机的图案，这种结构特点是造型图案优美，可作为礼品性商品包装。由于结构是互相衔接的，一般不能承受过重的分量（图 3–93）。

4）间壁封底式

这种结构是利用底部结构将盒内容分割为二、三、四、六、九格的不同间壁状态，有效地固定包装内的产品，防止损坏，改变了过去要另外加上间壁附件的工序。相比之下，这种结构对商品保护作用更大，而且也更加节约纸张，纸盒的抗压力和挺括程度也大大增强（图 3–94）。

5）锁底式

这种结构是将盒底的 4 个摇翼部分设计成互相咬口的形式进行锁底，在各种中小型瓶装产品中已广泛地采用这种结构的封底形式。应用这种锁底结构时,在盒底的两摇翼上做点改动,增加两个小翼，则更能增加其载重量。若盒底面积较窄长，可在摇翼部分做些改进（图 3–95）。

6）自动锁底式

这种结构是在锁底式结构的基础上变化而来的。盒底经过少量的粘贴，在成型时只要张开原来叠平的盒身，即能使其成型，盒底自动锁盒（图 3–96）。

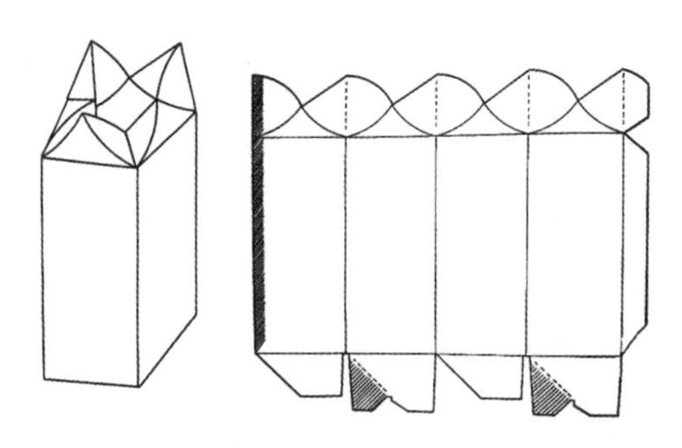

图 3–93 折叠封底式

图 3–94 间壁封底式

图 3–95 锁底式

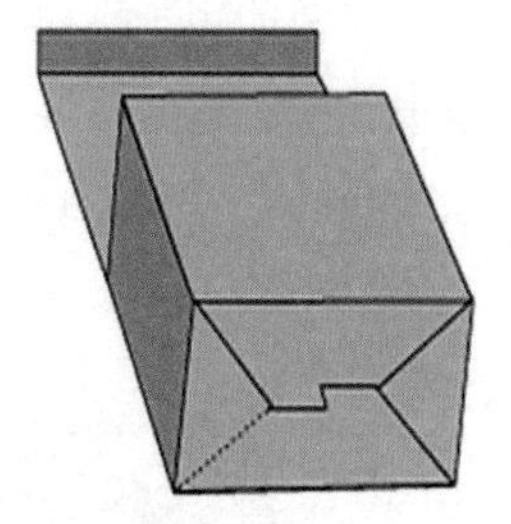

图 3–96 自动锁底式

锁口结构在纸盒的成型过程中也可不使用黏合剂，而是利用纸盒本身某些经过特别设计的锁口结构，令纸盒牢固成型和封合。锁口的方法很多，大致可以按照锁口左右两端切口形状是否相同来区分。一是互插：切口位置不同，而两边的切口形状完全一致，是两端互相穿插以固定纸盒的方法。二是扣插：这种方法不但切口的位置不同，其形状也完全相背，是一端嵌入另一端切口内，

3.3.2 盒型展开图

1. 盒型中各种折合线的样式及功能

一个纸盒的组合是靠折合线来完成的，不同的折合刀模，产生不同的折合线，也有着不同的用途。适当、正确地使用折合线，能使盒子更容易达到最高品质。作为包装设计人员应熟练地掌握在盒型包装中的折合线，以便更好地为设计服务，了解折合线的功能和它在实际操作中应用。实例如图 3–97 所示。

2. 盒型中折合线的应用

为了进一步加深对于折合线的理解，根据盒型，为大家推选出几个包装盒的盒型平面展示图，在这里可以根据折合线的相关线型，折叠出相关图形，进一步加深了解盒型的结构，以便为包装设计中的盒型设计提供帮助和技术支持（图 3–98、图 3–99）。

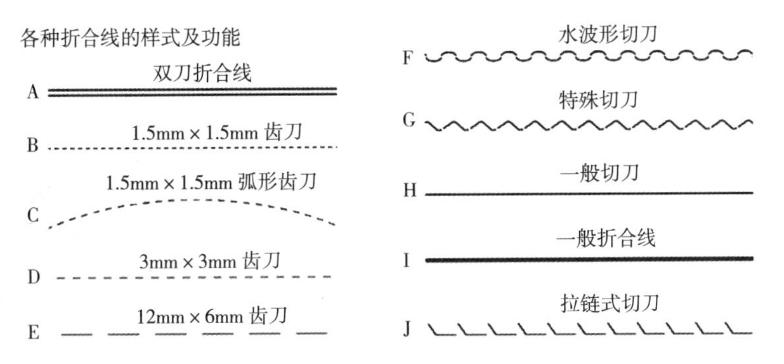

图 3-97　折合线示意图

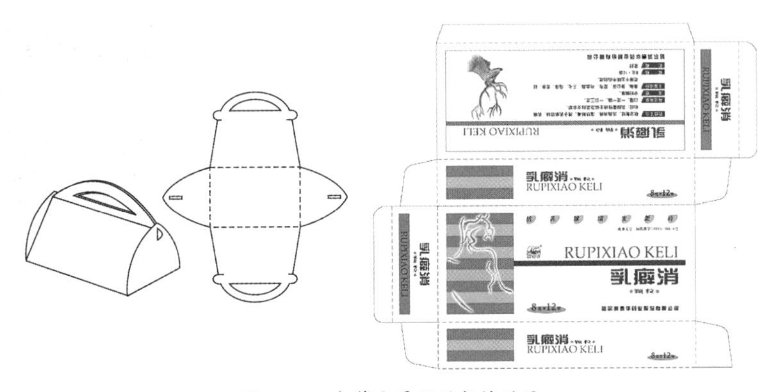

图 3-98　包装主展示面与辅助面

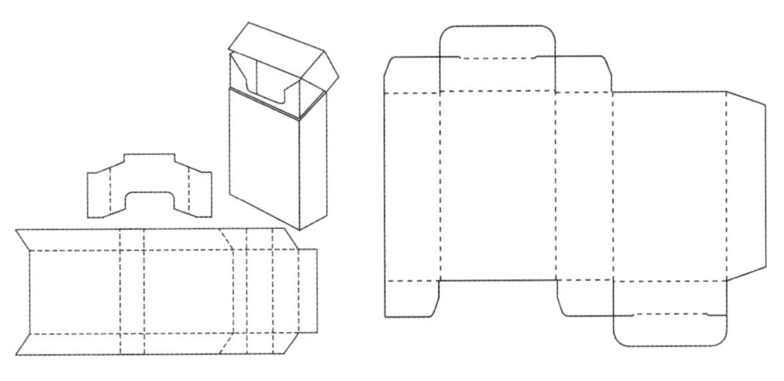

图 3-99　翻盖型盒型图及普通六面体盒型图

作为设计者必须熟练地掌握盒型的结构、特点、规格等相关知识，因为包装设计将在此基础上进行，只有了解并熟练掌握它们的特性，才可以设计出符合商品要求的包装设计，设计的过程中应该注意到包装设计成型后整体效果和功能，以便达到最终的设计目的，在这一环节必须多做、多看、多应用才能够实现设计的理想效果。

3.3.3　案例实训

以下为几个盒型的案例介绍，根据案例制作出相应的盒型设计，在制作的过程中可以大胆想象，在掌握基本盒型制作的基础上，可以有所创新（图 3-100~ 图 3-108）。

案例一

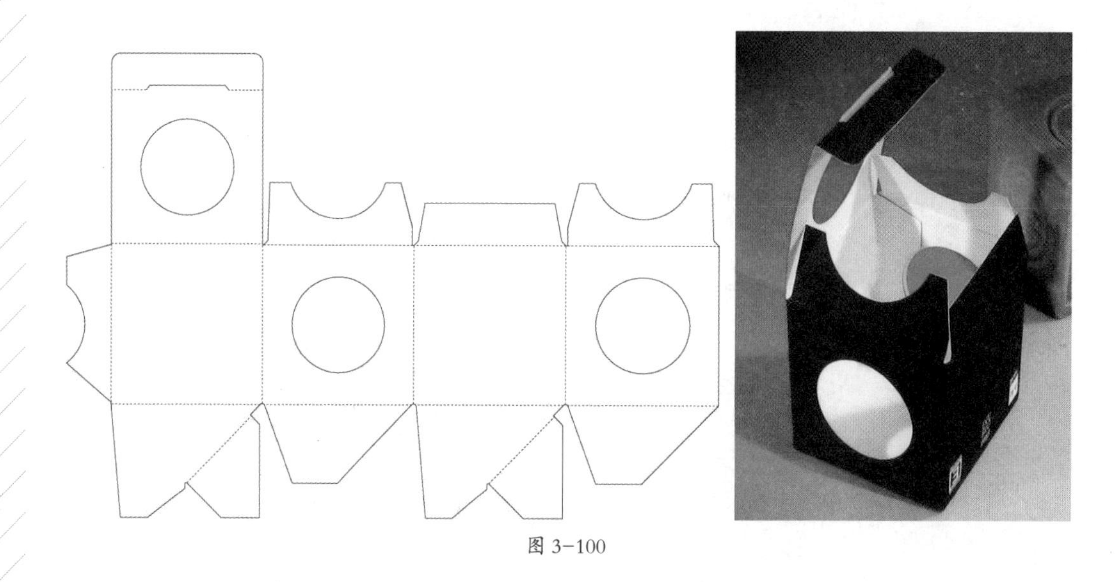

图 3-100

案例二

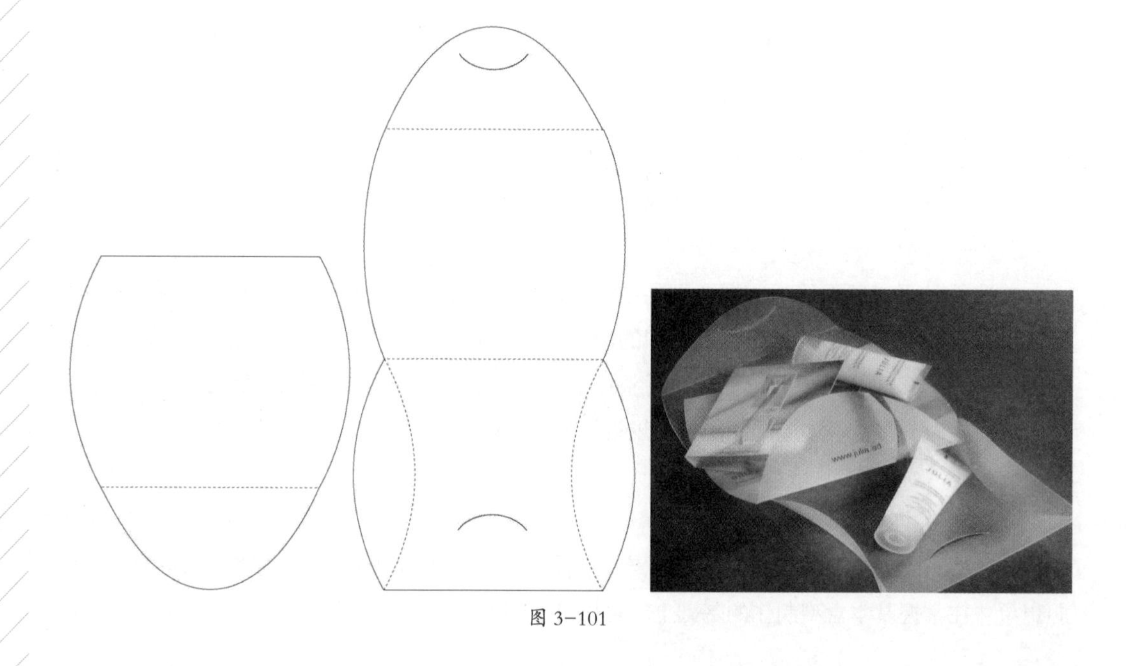

图 3-101

案例三

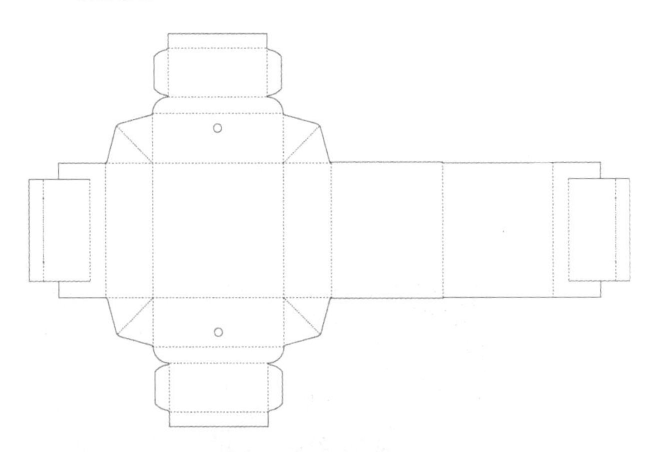

图 3-102

案例四

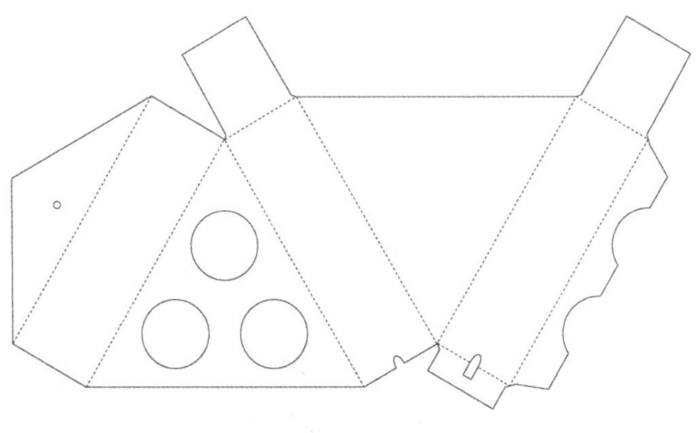

图 3-103

案例五

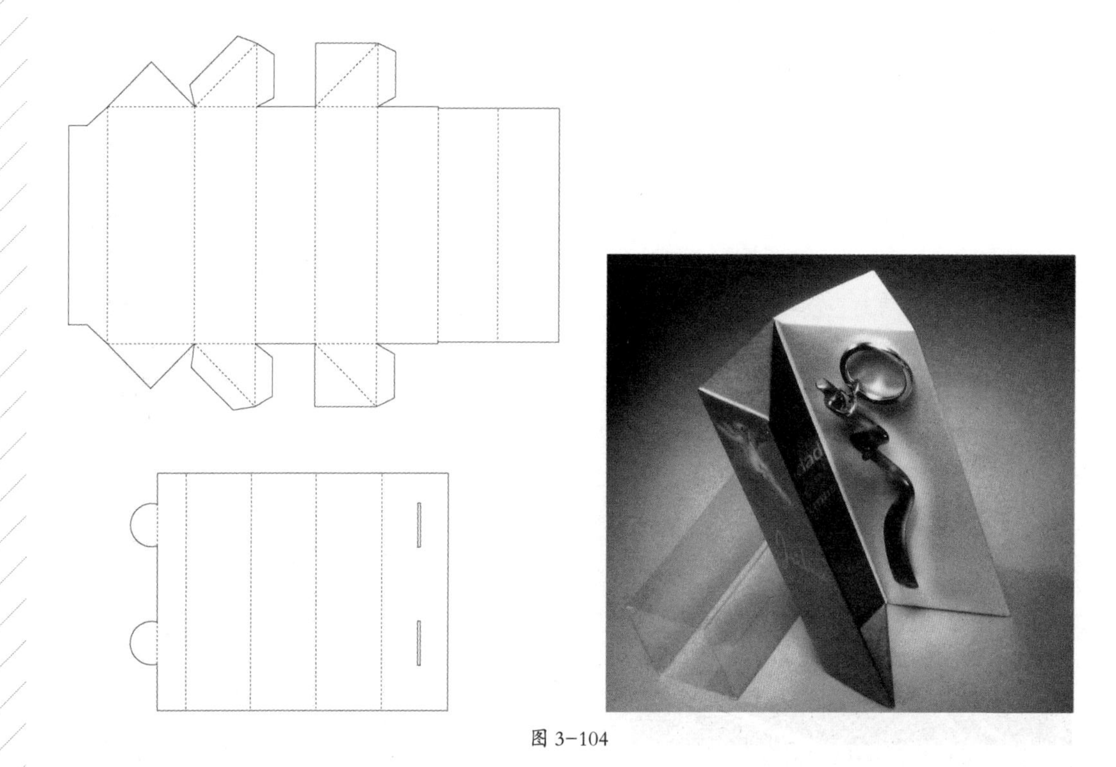

图 3-104

案例六

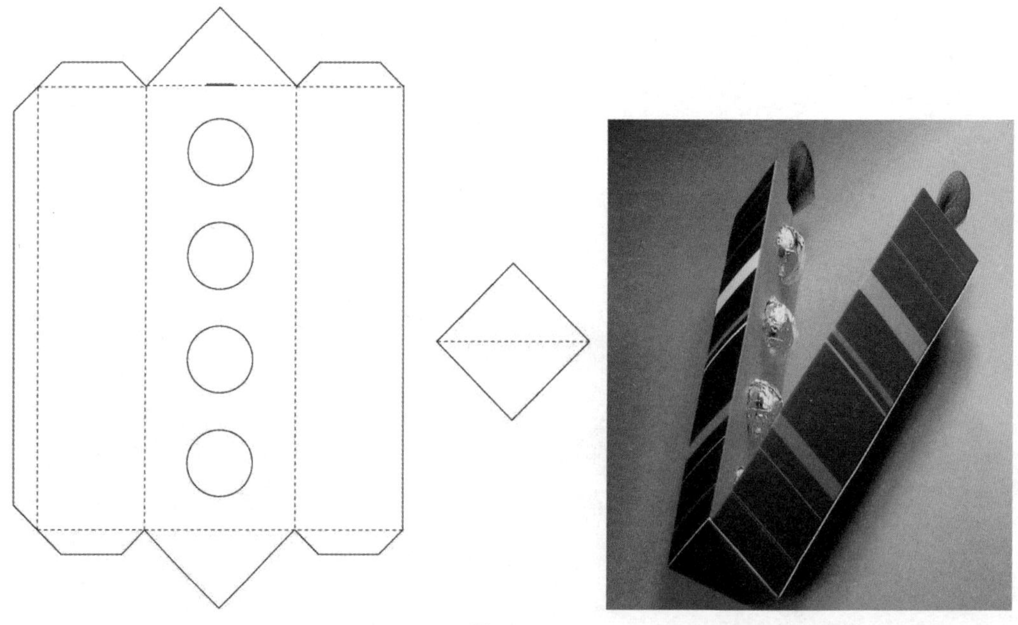

图 3-105

案例七

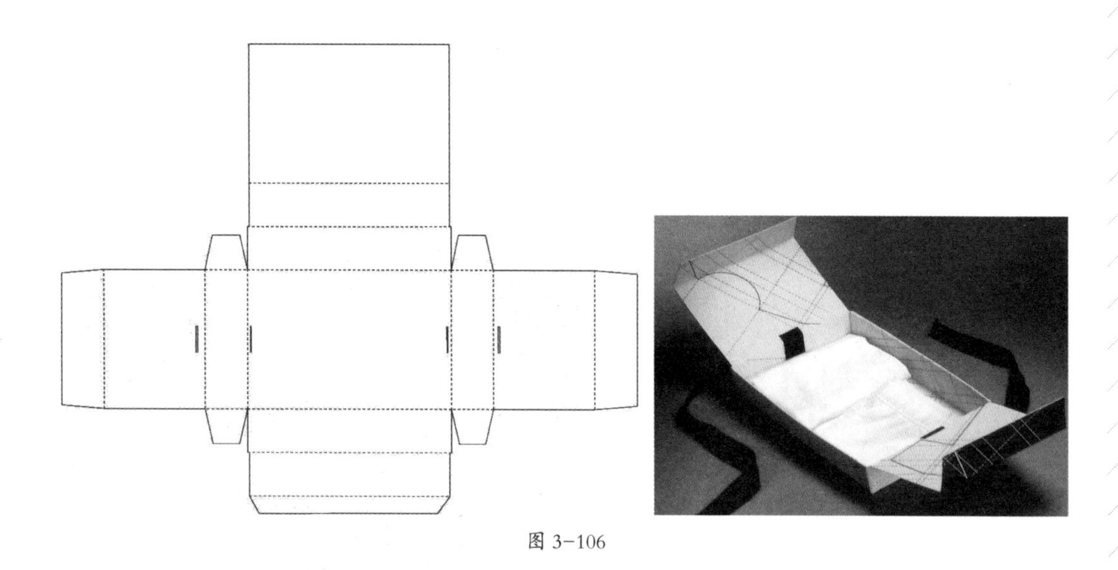

图 3-106

案例八

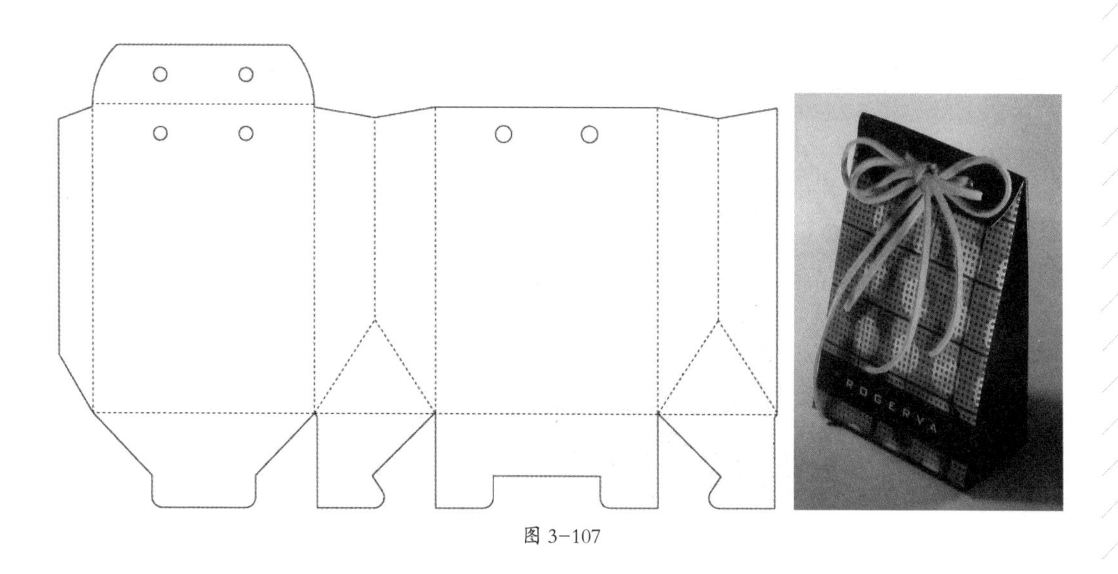

图 3-107

案例九

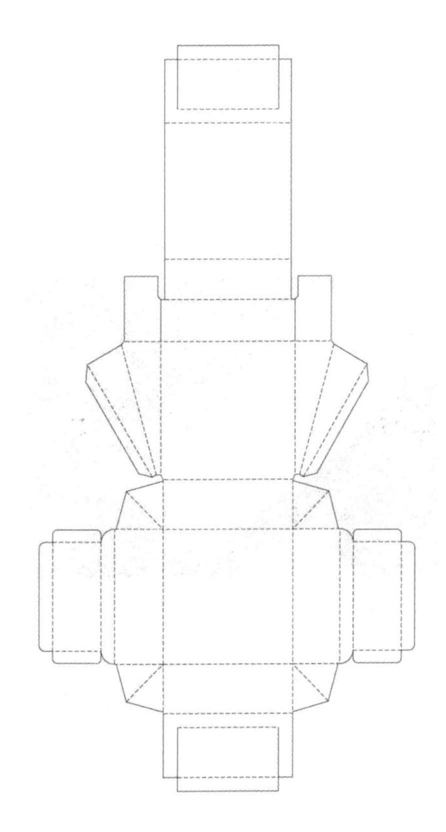

图 3-108

3.3.4 学生盒型作品欣赏（图 3-109~ 图 3-114）

图 3-109 学生作品（1）

图 3-110 学生作品（2）

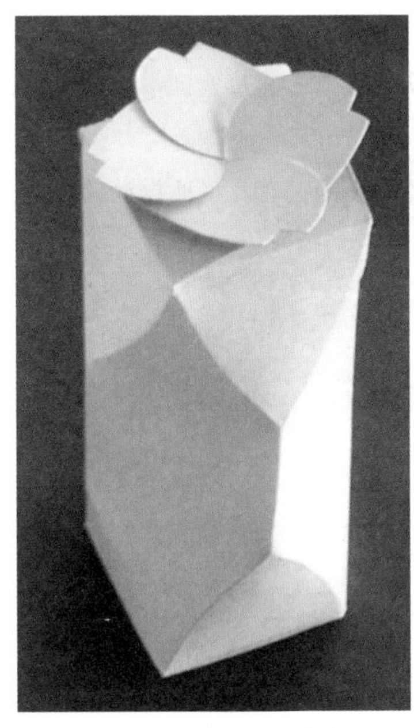

图 3-111　学生作品（3）

图 3-112　学生作品（4）

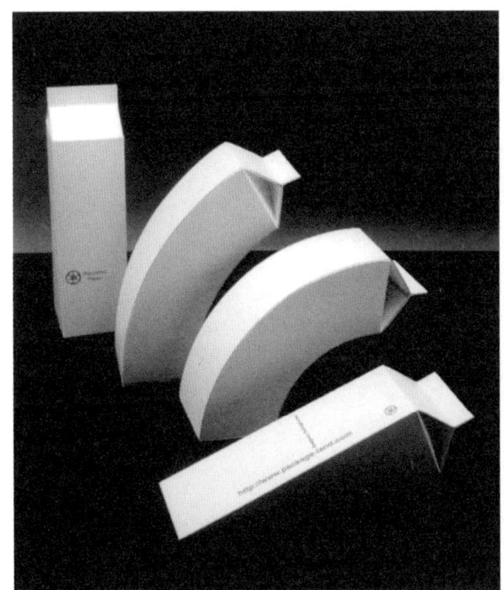

图 3-113　学生作品（5）

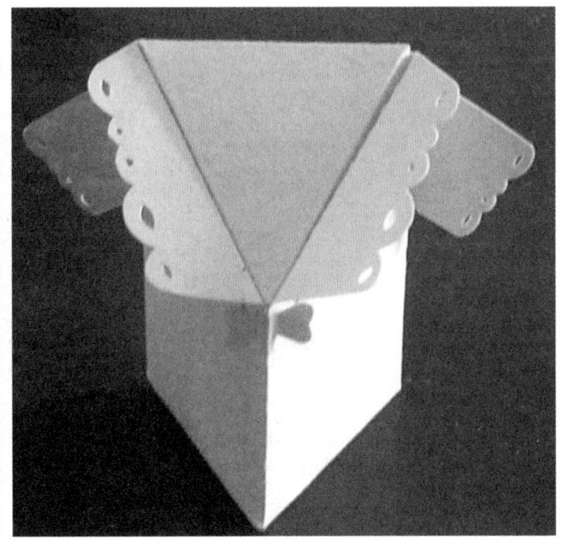

图 3-114　学生作品（6）

项目小结

本项目中注重实训环节，将包装设计的定位进行综合性的概述，让大家了解包装设计中品牌、产品、消费者的不同定位，加大了包装设计中的创意实训，使大家能够充分地理解包装设计的定位方式。

容器包装设计和盒型包装设计，是同学们在概念理解的基础上通过实践环节来完成的，熟练掌握本项目中概念性的理论知识，根据本项目中的实训环节，通过实训掌握包装设计中容器包装设计和盒型包装设计的基本流程和制作方法。

本项目注重实际操作，大家需在实践的基础上加以创新不断完善，使所设计的作品有更好的突破和发展。

课后练习

1）熟知商品定位的方法。

2）能够熟练地完成商品盒型包装以及容器包装的制作。

3）根据所给图形进行课堂盒型制作练习。

项目四　包装设计的平面视觉设计

项目任务

1）掌握平面设计中图形设计、色彩设计、文字设计在包装设计中的规律并合理应用；

2）掌握在包装设计中图文编排的合理运用，充分体现包装设计的自身价值。

重点与难点

1）如何运用视觉传达设计中的图形、色彩、文字，使包装设计能够更好地展现；

2）如何掌握包装设计中图文编排的规律。

建议学时

16 学时。

4.1　包装设计中的字体应用

商品包装的整体视觉效果是由商品包装的图形、色彩、文字字体以及组合排列构成的，这四方面决定着商品包装识别、促销、审美等功能的发挥。

商品包装设计中的字体设计主要是针对商品的品牌名称、商品名称以及促销口号等文字的“体征”所进行的风格化创造。在包装设计之中我们利用文字作为商品包装传达信息的载体，是表达营销理念的符号。商品包装的本质内容是品牌、品名、说明文字、促销口号、生产厂家、经销单位等，是我们设计的重点。字体设计应该是针对文字的字体样式及所产生的表达寓意所进行的创新的设计工作。在字体设计中我们必须掌握的是字体给商品带来的销售功能（图 4–1）。

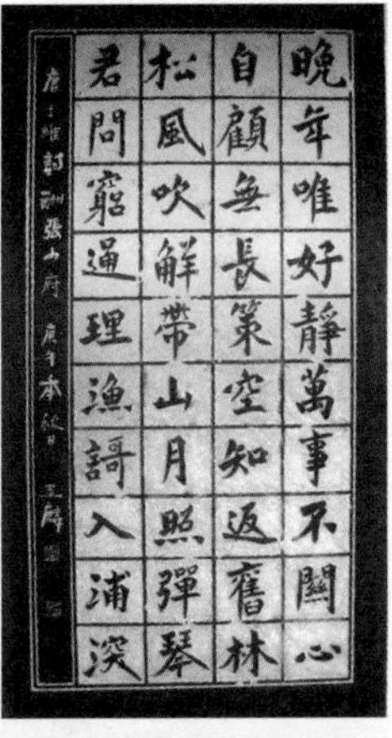

图 4–1　中国书法与碑帖

不同的文字经人们不断地研究与创新，形成了各自完备的形态美和充分的表达能量，世界每个地区所运用的不同的文字有不同的表现方法和设计方法。在我国使用的汉字的艺术与审美价值具有独特的表达方式。通过对汉字结构的理解，我们能够体会到汉字字体不仅具有丰富的形态美感，也有着强烈的表达能量（图 4–2）。

在设计过程中需要我们仔细地研究和挖掘文字的形态美，以及追求设计的文字的特定表现力，进一步达到商品包装表达营销理念、突出传播效

图 4-2　中国书法在包装设计上的应用

力的重要作用，也是包装设计的重要内容。

在当今的艺术设计教学中字体设计已经完全形成一个完整的学习单元，应该强调的是字体的“形态特征”同样具有传达、表述以及象征等功能和意义。因此，本书仅就与商品包装设计中字体设计有关的问题加以介绍。

1. 字体设计的要素

从符号学的角度来看，文字是用以记录和交流思想的特殊符号。商品包装中的文字是向消费者传达商品信息最直接的途径和手段。根据其功能，可以将包装中的文字分为三个主要部分：

第一是字体在品牌形象设计上的应用，包括品牌名称、商品名称、企业标识名称，这些文字代表了产品的品牌形象；品牌字体通常会在基础的印刷字体上，根据对象的内容进行再设计，加强文字的内在含义和表现力，产生多样化风格。在对品牌文字进行再设计的过程中，首先要遵循可读性原则，不论字体如何变化，都要保证信息的传播；其次要遵循商品特性的原则，包装上的品牌文字是为了加强产品的形象，突出特性，因此字体的设计也应从商品的内容出发，做到形式与内容的统一。

第二是字体在广告宣传中的设计应用，包装上的广告语，可根据产品销售计划灵活运用，位置多变；为了使广告宣传具有个性和视觉吸引力，还要遵循造型统一的原则，通常情况下，广告宣传都是由几个字共同组成，或是中英文品牌名称的组合，在这样的情况下，字与字的形体要具有统一性、整体性、和谐性，才能使广告宣传更具表现力。

第三是文字在功能性说明上的应用，这部分文字通常采用可读性强的印刷字体，对商品的内容做出细致说明，包括产品用途、使用方法、功效、成分、重量、体积、型号、规格、生产日期、保养方法和注意事项等。包装设计中的功能说明性文字，为了保证高效率的信息传达，通常采用印刷字体，但不同的印刷字体及不同的编排方式，都会形成不同的风格，如历史感、时尚感、轻重感等。

为了使品牌形象具有个性和视觉吸引力，另外还要遵循造型统一的原则，在设计的同时，彰显设计的个性化，使文字能够吸引消费者的注意力，在追求个性化的同时掌握整体的设计效果，使设计风格统一，融为一体，树立品牌的形象。

2. 字体设计的一般途径

1）包装设计中字体结构设计

笔画与结构上的变化也能够使文字产生丰富的形态风格与含义倾向。笔画与结构:点、横、竖、撇、捺、折、勾及相互组合所形成的状态，字体的笔画特征往往决定着字体结构的形成状态。文字是由笔画和其组织结构构成的，而且每种字体的笔画特征与字体的组织结构是相互关联和依托的。因此，在这个设计思路上从文字的笔画变化与改造着手，进行字体设计是设计者需重点考虑的问题。在设计的同时考虑字体的整体协调性，使字体的风格能够有所表达（图4–3、图4–4）。

2）包装设计中字体的外形设计

根据设计的需要对文字外形进行再设计的设计。汉字被称为方块字，方块字无论字的笔画是多少，都可以在每个田字格中进行表达，针对每个字结构的不同，它的外形是可以通过设计进行相应改造的。英文字母的字形差异更大，不同的单词有不同的长短，我们可以根据这一特点，通过人为的因素使其发生相应的改变。在字形变化的基础上，设计者还能够生成新颖的字体形态，传达出更多的商品信息（图4–5）。

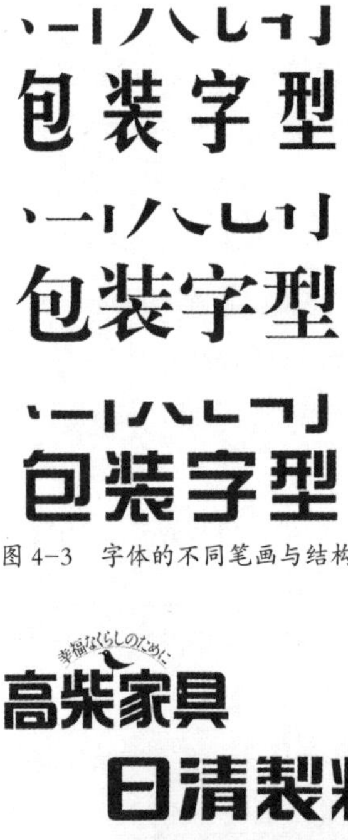

图4–3　字体的不同笔画与结构

图4–5　各种印刷字体字形的不同

图4–4　字体的不同笔画与结构创作

3）包装设计中字体的意向设计

汉语语言文字中的“一字多意”现象，以及汉字本身的表意等特点，使许多的文字原意存在着一定可以扩展和转换的空间，这也正好为设计人员发挥丰富的联想带来了极大的可能，文字是有其各自意义的，而文字的意义又会由于不同的语言环境、不同的解读，产生不同的表达效果。

虽然，在字体的意向上进行设计可以增加我们的设计灵感，可以帮助我们进行字体的创新，但要理解文字的意义不能胡乱捏造。在文字本身表达含义的基础上，通过设计的手段对商品的设计加以提升（图 4–6）。

图 4–6　字体想象与联想设计

4）包装设计中文字的组合设计

组合字体设计的整体面貌与风格的倾向应该和商品包装设计的整体风格，以及营销定位、诉求特征等相符，在此基础上组合字体设计首先应该具备整体的概念，无论词组的文字数量有多少，也要保持建立词组整体构架特征与风格面貌的原则。整体结构和形态及所产生的节奏、韵律等问题，这需要设计人员依据具体的设计目标与要求进行相应的处理和表现。文字只有形成各种词汇才会具有相对明确的表达意义，中英文的合理运用使组合设计趋于完整统一（图 4–7~ 图 4–10）。

图 4–7　组合字体设计

图 4-8 品牌字体与包装设计

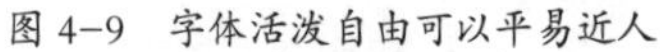

图 4-9 字体活泼自由可以平易近人

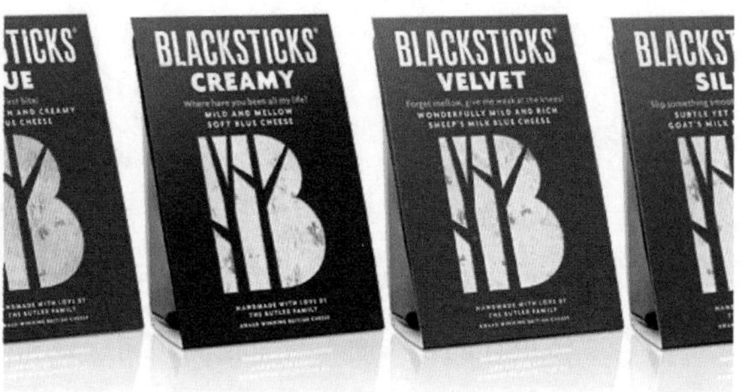

图 4-10 特殊字体可以显现商品特性

4.2 包装设计中的色彩应用

1. 包装设计中色彩的运用形式

色彩设计在包装设计中占据重要的位置。商品包装的色彩设计既要注意体现商品的个性需求，又要兼顾色彩给人们带来的生理与心理作用。一方面色彩本身具有最为强烈的视觉效果，另一方面色彩也具备强烈的表达功能。通常人们可能会对某一物体的形状记忆相对缓慢，但对该物体的色彩认知却是既快速又深刻，所以说人们在对一事物的认识过程中，色彩所生成的印象会大于形象（图 4-11~ 图 4-14）。

商品包装的色彩还可以有效地区别商品的不同类别，如食品、药品、家用电器、化妆品、洗涤用品、日用品等的类别区分。包装的色彩设计要与商品的属性配合，其色彩设计应该使顾客能联想出商品的特点、性能。包装的色彩应当是被包装的商品内容、特征、用途的形象化反映。也就是说，不论什么颜色，都应以配合商品的内容为准。食品包装一般暖色较多，药品包装则多倾向无色或淡色等。色彩设计通常分为相对客观的表现和倾向主观的表现。相对客观的表现，

图 4-11　酒类包装的色彩应用

图 4-12　BREESE 饮料包装色彩展现

图 4-13　办公用品包装的色彩

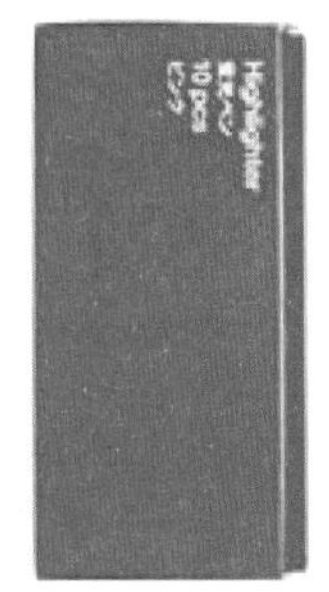

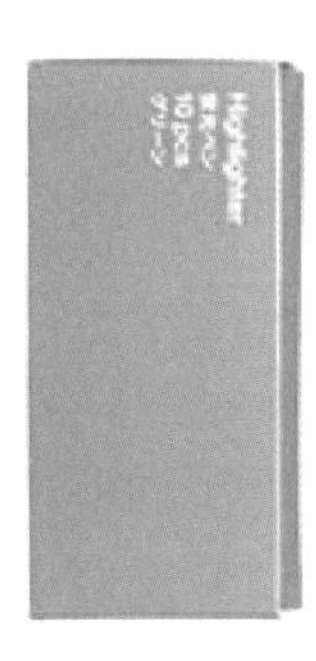

图 4-14　文具用品系列包装的色彩美感

通常称为客观色彩，即以客观和自然的色彩现象为依据的色彩设计。客观色彩的运用可以充分调动人们的色彩联想与记忆，能使消费者易于辨认，利于商品的销售，如红色为辣椒、黄色为柠檬、绿色为植物等。色彩设计不受客观所制约，更加强调人为的主观意志，强调色彩自身的视觉表达张力，则被称为主观色彩或表现色彩。从一般的角度来说，包装的色彩设计，应使消费者从包装色彩上就能辨认出某种商品的信息。主观色彩往往是对客观色彩概念的延伸、夸大，甚至重新审视。色彩的表现能量极大，甚至能够影响人的意志、左右人的情感。利用色彩的这些能量和表现力，可以加大和增强商品包装设计的视觉传播效果。由此可见，在包装设计时，对商品形象色的选择和运用是一个举足轻重的问题（图 4-15~ 图 4-17）。

图 4-15　玩具类包装

图 4-16　体育用品类包装

图 4-17　zero degrees“0 度”包装

商品包装设计中色彩的运用是关乎人们对商品的认知、识别，并使包装焕发出一定的感染力，进而唤起消费者的购买兴趣和欲望。根据具体的商品特征与设计表现的需要为准。但在色彩的运用中还要考虑色彩的负面效应问题。色彩是艺术设计教学中的一个专门课题，应该专门学习和研究。不同背景的人群对色彩认知和偏好不同，甚至还会有一些禁忌。因此色彩设计要调查和注意规避发生这些负面问题的可能。

商品包装的色彩鲜艳可以大大地提升消费者对商品的关注度。如果我们仅用几秒钟的印象来描述刚刚认识的事物，恐怕绝大多数人只能描述出事物的色彩状况。这完全是因为色彩具备较快速的传播力，也说明人们在相对时间里对色彩的接受力最为明显。如今的消费市场，商品琳琅、包装满目，品牌林立、货色繁多。从一般的角度来说，包装的色彩设计，应使消费者从包装色彩上就能辨认出某种商品的信息。就各种色彩看，红色调可用于化妆品、食品；绿色调可用于水上运动器具、冷饮、夏季的背心、风扇等商品；蓝色可用于五金机械、电器的包装，给人以清新之感。紫色调可用于高级化妆品、馈赠礼品的包装，给人以高贵、端庄、典雅之感。若让商品包装设计的视觉魅力成为促进购买商品的重要因素，就需在商品包装的色彩设计上使用得恰到好处。

2. 包装设计中的色彩使用特点

人们记忆色彩的便利性一方面是由于色彩的易识和易记的特性，另一方面则缘于人们均对色彩具有普遍的情感偏好。商品包装的鲜艳可以加强消费者对商品的记忆。人们对色彩的记忆优于对形状或形态是显而易见的事情，那么利用色彩的易记优势来加深商品在消费者心里的印象也就可以顺理成章了（图 4-18）。

马克思的“色彩的感觉是一般美感中最大众化的形式”可以说是一语道破人们感知色彩的普遍规律。而且这种感知伴随在人们生活之中。商品包装色彩的鲜艳适应大多数消费者的审美需求。歌德曾经说过：“红色的影响力如同其本质一样独特，它充满活力的一面蕴藏在其能量之中。而蓝色给眼睛一种特殊的几乎无法用语言可说的感觉，如同看到从眼前飘过的令人愉快的事物，会不由自主地跟随它。我们喜欢蓝色，并不是他强迫我们去看，而是它有着一种无形的吸引力。”色彩是美好的。人们在赞美色彩时几近所有言辞和美誉而仍觉不够准确，几近所有情感和智慧仍觉不够释怀，色彩占据了人生最美好的感知和认知空间，而且其他无法取而代之。

图 4-18　色彩给人带来记忆的美感

色彩学与销售学对于同一种颜色的评价，其结论往往是不相同的。从销售学的观点出发，一切配合销售所进行的设计都必须符合销售策略，从而使包装的设计越发千变万化。人总是向往美好的，人们也总是期待所有的事物都能够与自身的美好愿望相一致，那么让商品包装的色彩更艳丽并且更具情感化，让所有的消费者都能从商品包装上享受到美好和快乐是件好事（图 4-19、图 4-20）。

图 4-19　鲜艳色彩能够唤起人们的好心情

图 4-20　饮料鲜艳色彩能够有益于人们记忆

4.3　包装设计中的图形应用

1. 包装设计中的图形设计形式

商品包装的图形主要指产品的形象和其他辅助装饰形象等。图形作为设计的语言，就是要利用图形在视觉传达方面的直观性、有效性将商品信息传递给消费者，以吸引其购买，既有着强大的传播效能也有着“装扮”商品的作用，增强商品的个性形象，提高审美品位，图形的表达可以超出文字的某些限制，使消费者更直接、更有效地了解商品的重要途径。这就给商品包装的图形设计和表达提出了明确的要求，即准确地反映商品特性是包装图形设计与创作的重要原则。图形就其表现形式可分为实物图形和装饰图形。

包装设计中的图形要素，往往是包装视觉形象的主要部分，还能促进商品销售。在构图中，除文字、图形外，还使用各种符号作为标志。其中最重要的首推商标，它是与其他品牌进行区别的符号，经过注册的商标都会受到法规的保护。还有企业标志，代表企业形象，有的企业会将企业标志和商标综合为一，以便于形象宣传。此外，还有些标志符号标明商品档次，如所获奖章、奖杯的形象；有的是关于保护商品的，如防潮、防震、防倒置等；有的是关于使用安全的，如毒品标记等（图 4-21~ 图 4-26）。

图 4-21　运用中国画、书法表达商品品质

图 4-22　运用动画人物揭示商品特性

图 4-23　运用卡通画吸引消费者

图 4-24　运用传统年画表达良好心愿

图 4-25　运用个性绘画体现时尚风格

图 4-26　运用特定形象突出品牌传扬

2. 包装设计中的图形设计方法

所谓实物图形应是包括采用图案、插画、摄影等方式直接反映商品面貌与特质的一种方式。其中绘画的方式在设计表现中比较自由、灵活，形式也多种多样。图案、插画一般以绘画的形式展现，通过绘画还可以在表现情趣、营造气氛、创建艺术特色上，具有一定的优势。绘画的表现力也可以使商品包装设计更具艺术感染力，进而可以使商品包装设计得更具趣味和审美倾向，对推销商品极有益处。其中图案，它通常由点、线、面构成，通过肌理的特征和色彩关系来传达视觉和情感特征，具有较浓的装饰趣味和抽象意味（图 4-27~ 图 4-30）。

图 4-27　绿茶包装

图 4-28　水果类元素包装设计

图 4-29　提袋包装

图 4-30　容器包装图形的丰富性

在构图中，可与文字、符号相匹配，或给插画、摄影做衬托，从而加强各个构图元素间的联系。装饰图案的运用是表现商品特性的重要手段，可以根据产品的特点，按照图案造型规律进行设计，也可对传统和民族图案进行加工以体现装饰性、民族性和文化内涵。

插画可以充分发挥想象空间，比写实的摄影手法具有更大的灵活性。它更强调意念的表达及个性的追求，有助于强化商品对象的特征和主题。

摄影是客观真实体现商品面貌和特性的最佳方式。利用这种直观的方法可以大大地加强商品在营销中博得消费者信赖的作用。

由于计算机图形处理软件技术使插画、摄影的编辑工作变得更为丰富和容易，利用这些技术可以大大地提升插画、摄影的表现力与视觉效果。

4.4 包装设计中的图文编排应用

在有限的空间里把图形、文字、色彩，根据包装整体与各个局部的功能需要，有创意性地加以规划和组织，使其有机地、和谐完美地结合，并形成一个有特色的视觉整体。表面上看，这不过是个构成形式上的问题，其实这种构成形式对商品包装设计的整体风格及对消费者带来的吸引力不容小视。

新颖的组织编排不仅可以招来关注，还可以调动情绪并强化记忆。有特色和创意的组织编排还可以使商品包装产生一定时代风貌和文化特色。同时也会更加易于人们了解商品的特性与功效。即按照一定的视觉表达内容需要和审美规律，结合各种平面设计的具体特点运用各种视觉要素和构成要素，将其加以组织、排列，以期达到通过良好的视觉美感，更加有效地传达信息的目的（图 4–31）。

图 4–31　包装的编排设计可以产生各种视觉情趣

编排设计的主要内容包括:对视觉设计要素的认知、对编排设计规律和方法的认知与实践、对编排设计表现内容和形式关系的认知、对各种应用性设计形式特点的认知和实践。

对视觉设计要素的认知是指对视觉要素（文字、图形、色彩、肌理等）的认识程度及对其自身表现力的了解和把握，是进行编排设计的开端。对视觉元素的选择、加工和创造，使之更准确、恰当地表现商品内容、主题，是编排设计的认知与实践要强调的方法和原则，就像组织语言要讲究语法一样。直观、概括、夸张、特写、图解等手法都是为了更好地表现主体形象。直观使主体形象更真切，概括使主体形象更单纯，夸张使主体形象更生动，特写使主体形象更突出，图解使主体形象更简明。

包装不但要能表现主体对象的“形”，而且要能表现主体对象的“意”。意象表现法是比较内在的表现方法，即画面上不出现要表现的对象本身，而借助于其他有关事物来表现该对象。通过编排使商品包装的视觉元素形成秩序，进而形成层次分明、条理有序的视觉传达系统，是编排设计的最终目的，而平面构成的原理与内容方法是编排设计的重要法则。虽然我们强调法则、强调规律，但所谓规律大多是那些“曾经发生过的问题”，艺术表现则更重创新。在设计中，有时为了追求个性、品位，特意地将可以直接表现的对象，转而采用意象表现法，以达到预定的特殊效果。

内容决定形式是设计（乃至其他艺术创造活动）的一般规律。不同的应用设计有其自身表现方式和规律。商品包装设计自然也有自己的方法与编排原则，包装的物质条件与传达目的等因素也决定着视觉编排设计要符合宣传商品和促进商品销售的需要。强调内容，尊重内容的组织构造，往往是形式和手段的目的和宗旨。但强调内容绝不等于忽视对形式的研究。

设计，尤其是编排设计，就是对形式的研究。我们应该充分认识到，形式往往把握着事物的存在方式，形式也常常创造着事物不同的声色和活力。而这种声色和活力恰恰创造出了别具心裁的商品包装风格和特色，进而也给人们的生活带来了许多情趣。

1. 包装设计编排设计的原则

1）编排设计的形式逻辑

商品包装版面的比例与尺度是指字体的大小，画面的明度比率，色彩的冷暖，元素间的对比强弱，构图上的动与静、聚与散等都应该存在着一定的适当量，而这些量的把握，需要设计者反复调整、实验和求证。商品包装设计不仅在形态上存在比例与尺度的问题，而且在版面的编排上同样具有比例关系和谐的问题，因为版面的和谐既能够引起人们的美感，也能够更好地发挥表达的效力（图 4–32）。

比例与尺度的把握中还有一种现象：空白，所谓空白即是版面中不作处理的部分，但这个不作处理的部分确实又是设计中不可缺少的，也是保障阅读流畅、创造丰富意境的重要手段（图 4–33）。

图 4–32　编排的逻辑性

图 4–33　包装版面的空白

2）整体协调统一

视觉元素的若干组成部分之间，既有区别，又有联系。当这些部分被有机地组合在一起时，部分间的差异呈现出丰富多彩的变化，另一方面又从其彼此的联系和呼应中，看到和谐和秩序。

2. 包装设计编排设计的排版

1）条理性传达信息

所谓条理性即是将相对复杂的信息，有条理地组织、规划使其具有一定的视觉秩序，合理地运用图案符号等语言，切勿“喧宾夺主”以方便消费者阅读、认知，易于消费者对商品包装信息内容的整体理解和接受（图 4–34）。

图 4-34 包装的视觉秩序

2）艺术性传达美感

而艺术性则是强调通过编排的方式，把表达上升到最为理想的境界，使商品包装不仅具有物质上的“保护层”价值，还要具备更加充分的商业营销价值，甚至要有非物质因素的精神价值。有效性即是讲通过编排的形式，把视觉要素有效地串联或并联，并产生合力的效应。商品包装的版面中最为重要的应该是标题问题，标题（包括品牌、商品名称、营销用语等）应作为第一视觉线索，在版面的位置、大小、醒目与否是吸引观众和提升注目力的关键，因此标题应作为编排设计的第一要素。

编排设计优先要考虑版面的条件问题，商品包装的版面条件大致可分为矩形、圆形、方形或异形。依据这些版面条件又可以进行相对的分割（取舍）和排序，以便体现一定的视觉风格和阅读秩序（图 4–35）。

编排设计更多的是研究视觉要素间的关系问题。这种关系的处理要具备有效性和艺术性（图 4–36）。

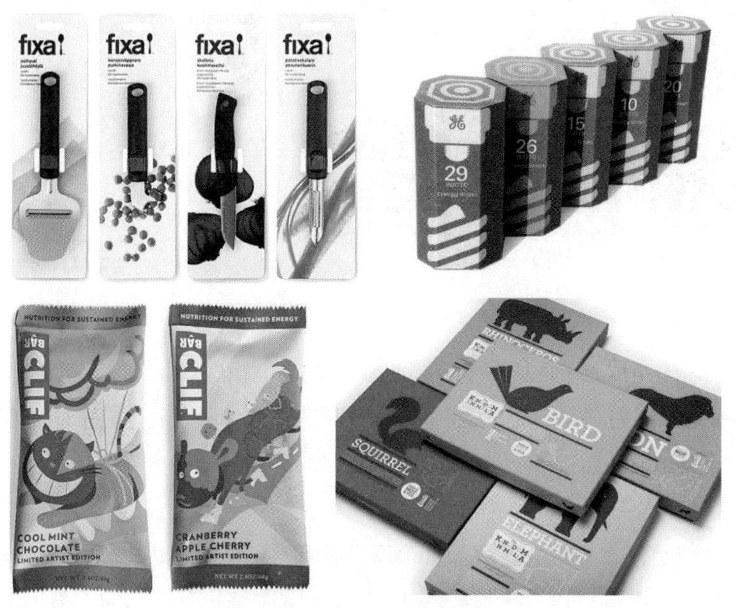

图 4–35 包装不同版面的编排设计

因此商品包装设计中的的图形位置、面积等处理，关系到商品包装的诉求与表达是否有效。事实上在当今的商品包装中，图形的分量愈加显要，甚至成了主角（图 4–37）。

图 4–36　突出品牌或商品名称的编排

图 4–37　以图形为主的包装设计

3. 包装设计的视觉流程

视觉流程是指人们的视线对于整体版面的作用过程。视觉元素的文字、插图、线条等都是静止的，而人的阅读则是一个动态的过程。有关视觉流程的方式简要如下 :

1）视觉中心效应 : 无论视觉元素如何纷繁复杂，中心部位似乎永远是视觉的重点，这是因为人们的观察习惯往往从版面的中心开始（图 4–38）。

2）位置关系的流程 : 具有鲜明的位置顺序与条理。如先上后下、先左后右、先主体后次体等（图 4–39）。

图 4–38 视觉中心作用

图 4–39 主次层次明确

3）形象关系效应：利用视觉元素的主次关系来加大其中某部分的吸引力，也是创造视觉秩序和有效流程的重要方法（图 4–40）。

4）视觉冲突效应：

人们的视线不仅具有从中心点出发的习惯，而且还有从画面的重点或视觉冲突最为明显的部位开始，因此视觉重心往往还兼备视觉重点的作用（图 4–41）。

图 4–40　发挥形象的吸引力

图 4–41　视觉重点作用

4. 包装设计整合编排与形式创意

整合编排是完成设计作品的重要阶段。整合的过程就是寻求完善整个编排设计的过程。是将所有设计元素进行整体统合并直接导致最终设计结果的过程。形式创意是塑造个性思想和价值差异及抒发独特情感的重要途径。

商品包装整合编排设计的目的是最终要创造出一个有效的传达信息程序，进而有效地传递内容、思想和营销理念（图 4–42~ 图 4–46）。

图 4–42　突出主题 – 安全

图 4–43　图形环绕主题

图 4-44 突出商品形象

图 4-45 色块分割与图形穿插

图 4-46 满底纹饰与中心部位主题对比

项目小结

本项目以包装设计中视觉平面设计为主，在实训的过程要求大家能够熟练掌握图形、字体、色彩的应用，在包装设计中视觉平面设计可以说是设计主题，它将有效地传达商品的特征、属性、规格和自身特征。

熟练地掌握视觉平面的设计规律尤为重要，在图形、字体、色彩设计中的应用环节是学习的重点，怎样才能设计出与时代相符又具有商品特性的个性作品，是我们需要思考的问题。

在此环节中我们应该注意，包装设计中的视觉平面设计不能墨守成规，要有所突破和创新，这需要我们在充分理解的前提下，将思想创意运用到设计之中，不断摸索出新的包装设计样式和风格。

课后练习

1）通过学习独自设计出商品的字体。

2）将包装设计色彩图形的应用，运用到设计中。

3）熟练掌握包装设计中的图形设计。

项目五　包装设计的材料应用

项目任务

1）熟练掌握包装设计中的材料性质和特性，并合理运用到包装设计之中；

2）了解包装设计中材料的各自功能；

3）熟练掌握包装设计中包装的分类、形式和手段。

重点与难点

1）如何利用材料的性质进行合理的包装设计；

2）如何利用包装设计的分类、形式和手段来展现包装设计。

建议学时

8学时。

5.1　包装设计材料应用分类

现代包装中应用的材料非常广泛，随着科技的不断进步包装的材料发生着巨大而又快速的变化，现在我们不仅可以利用一些传统的材料进行包装，还可利用科技手段带来的新的包装材料，在掌握使用、科学、经济的原则下进行我们的包装设计。让我们共同学习一下不同包装材料所给予我们的不同的包装设计样式。

5.1.1　包装设计中单一材料设计的应用形式

1. 纸

纸的应用可以说是在包装设计中最为广泛的一种材料，它是我国四大发明之一，在历史中它曾是一种很珍贵的材料，造纸术的出现改变了人类政治、经济、文化的发展。纸的特性具有易加工、适用于印刷、可塑性强、无毒、无味、无污染。纸包装材料可分包装纸、纸板两大类，纸的应用可以说占到包装市场40%~50%。其特性在使用的过程当中可以反复使用，不仅达到了环保的目的，更进一步地提升了使用价值，所以在商业包装竞争激烈的前提条件下，这类包装仍受到人们的重视和青睐（图5-1）。

纸质包装材料的分类很多：有的纸张形式支撑产品包装容器或进行商品包装装潢，有的以纸板的形式制造成商品包装箱、包装盒等，还有的可以进行广告印刷的等多种形式，在纸的运用上可以说各自拥有各自的特点。

图5-1　纸质包装

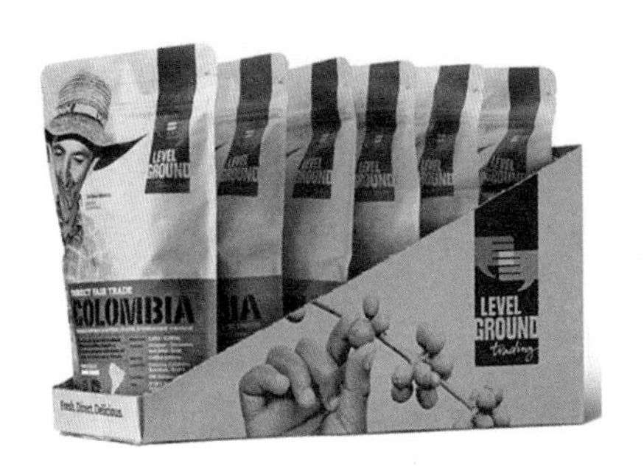

图 5-2　牛皮纸包装

图 5-3　羊皮纸包装

纸张可以分为：牛皮纸、羊皮纸、鸡皮纸、纸袋纸、玻璃纸等，其中牛皮纸具有坚韧结实的韧性，其作为包装纸用途极为广泛。

牛皮纸，大多应于包装工业用纸，也应用于其他行业，其性质包括单面光、双面光，有条纹和无条纹之分（图 5-2）。

羊皮纸，在古代羊皮纸一般是运用羊的皮所制成的，现代的羊皮纸主要由植物制成，羊皮纸是一种透明度极高的商业用纸，又称为硫酸纸（图 5-3）。

鸡皮纸，是一种单面光的平板薄型商业用纸，其一般应用于食品百货等商业包装，有较高的耐破度、耐折度和抗水性，色泽较牛皮纸浅（图 5-4）。

纸袋纸，一般运用在工业商业包装用纸，其别名为水泥纸，一般应用在水泥袋、化肥袋、农药袋中。纸袋纸具有良好的防水性、透气性、坚韧性、便于储存运输等特点（图 5-5）。

玻璃纸，顾名思义它是透明得像玻璃一样的纸张，因此制作工艺复杂，具有的特性与塑料膜相似，性质也与塑料膜相同（图 5-6）。

纸板，与纸的制造原料基本相同，主要区分于厚度，纸板纸质硬，易加工成型，是销售包装的主要用纸。纸板的类型有白纸板（图 5-7）、黄纸板（图 5-8）、牛皮纸板、瓦楞板等。

其中瓦楞板的用途多用于制作纸箱，其性能是方便运输，例如包装水果蔬菜、食品饮料、玻璃陶瓷等。越来越多的商品运用瓦楞板作为包装，其实用的范围越来越广。

图 5-4　鸡皮纸包装

图 5-5　水泥纸产品包装

图 5-6　玻璃纸产品包装

图 5-7 白板纸

图 5-8 黄纸板

瓦楞纸板是一个多层的黏合体，主要由两个平行的平面纸页作为外面纸和内面纸，中间夹着波形的瓦楞芯纸，各个纸页由涂到瓦楞楞峰的黏合剂粘合到一起而成。瓦楞纸板具有很高的机械强度，能抵受搬运过程中一般的碰撞和摔跌，对内装商品起到较高程度的保护作用。瓦楞纸板不仅是由可经自然作用分解的木纤维构成的可回收环保型材料，同时还能被重复利用而不影响其性能的发挥，因此备受人们青睐。瓦楞纸多用来制作纸箱，在纸箱的设计之中最为重要的是标准化和严格化，因为它将直接涉及商品的储存和运输、宝库的整齐码放、货架上容积的有效利用，要充分考虑设计的合理性。作为运输包装，我们对包装箱在结构上进行调整，虽然物品的件数会减少，但对于一些高档物品来说，却起到了很好的保护作用（图 5-9，图 5-10）。

铜版纸，是一种涂料纸，由在原有的纸上涂布一层涂料而成，是高级的商业用纸，因本身的性能多广泛适用于各种罐头、饮料瓶、香烟巧克力等商品包装设计之中（图 5-11）。

随着科技的发展，生活中很多事物都发生了改变，这不仅仅改变了我们的生活，更改变我们的设计理念和方法。从原本单一的设计材料发展到多元素的设计材料使用，这完全依赖于科技的发展，为设计师提供了物质和材料的保障。

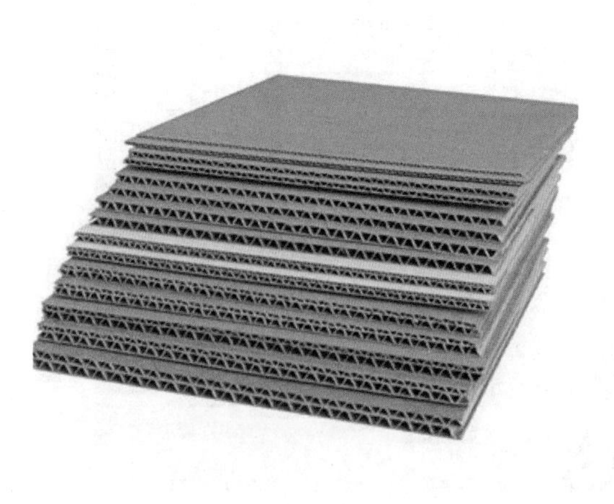

图 5-9 瓦楞纸

图 5-10 瓦楞板纸箱

图 5-11　铜版纸

2. 塑料

一种新型的包装材料，其使用的数额在包装行列仅次于纸类包装材料，其具有良好的防水性、防潮性、耐油性、阻隔性、防腐蚀、适用于印刷等优点，但是其本身具有不可自然分解的特性，极容易造成污染（图 5-12）。

硬质塑料包装结构就是泡罩式包装。这种包装结构是加热成型而包裹在产品的前表面，从而使消费者能够通过透明塑料直接看到产品本身。泡罩通常会附着在一块起支撑作用的纸板上，这块纸板上会印有包装设计的各种平面效果。衔接式泡罩或称双泡罩（壳式包装）则是在产品的正反两面均包裹上泡罩，从而使消费者可以看到产品各面的效果。也可将平面图案直接印制在这种塑料结构上。典型的泡罩式包装都会在包装结构的顶部打孔，以便能够固定在零售商店里的挂钉上，便于销售。

自 20 世纪初塑料被使用以来，已经逐步发展到了广泛地应用于包装设计上，并且使用率是逐年增加，应用领域不断地扩大。按照其形式可分为塑料薄膜和塑料容器两大类。塑料薄膜根据使用的需求不同加工成型的方法也很多，一般分为单层材料和复合材料。塑料容器是运用以塑料为材料的硬质包装容器，也已取代金属、玻璃、陶瓷、木材等。一般制作方法分为挤塑、注塑、吹塑。

3. 玻璃

玻璃的主要原料是天然矿石，石英石、石灰石等，玻璃最早是在古代埃及进行使用并得到推广，其特性具有阻隔性、透明性，其制作工艺简便、用途广泛。玻璃作为包装材料主要用途在于食品、水、油饮料、调味品、化妆品等液态物体之中。其自身的优点有硬度大、清洁、易清理、耐热等，但是其自身存在着重量大、易碎、运输成本高等缺点（图 5-13）。

图 5-12　塑料包装商品

其玻璃成分一般可分为钠玻璃、铅玻璃、硼砂玻璃。制作方法一般分为人工吹制、机械吹制、挤压成型三种。玻璃拥有“纯洁”的材质特性，备受广大设计师的爱慕，经过装饰的玻璃一般会提升产品的品位，给人一种高端的印象。

图 5-13 玻璃材料包装

4. 金属

金属包装在包装材料中占有重要的位置，金属包装可以说从以往的暂时性储存食物被衍生到食品罐头、饮料包装等，成了长期储存食品的一种手段和方法。金属包装以马口铁、铝和钢为原材料。生产金属的原材料种类繁多、数量丰富，从而使得这种包装材料的生产成本非常低廉。铝材常用于碳酸饮料、保健品和美容用品的包装；覆有铝箔的容器则往往用于烘烤食品、肉类和预制食品的包装。可以说金属容器给人带来了工作和生活的巨大改变，金属包装在我国近些年快速发展提升，无论是从食品、饮料、啤酒都对金属包装有着巨大的需求，但是我国在金属包装方面存在着金属包装品种较少，一般的产品过多，优质高档的精品生产力不足等问题（图 5-14）。

如今的金属包装罐重量很轻，而且常常涂有各种材料，以便防止包装金属与产品发生反应。包装罐通常设计成两件式或三件式。两件式包装罐包括一个有底的圆筒结构和一个另外装配的顶部结构。碳酸饮料罐就是经印刷装饰的两件式包装罐的典型例子。三件式包装罐是

图 5-14 金属包装

各种包含单独装配的顶部和底部的圆筒结构，常附有纸质标贴，以便展示品牌标识和产品信息，例如罐装蔬菜和汤类食品。三件式包装罐可隔绝空气，因此货架寿命更长久（图 5–15、图 5–16）。

图 5–15　金属糖盒包装

图 5–16　金属饼干盒包装

5. 木材

木材包装作为一种天然的包装材料，一般进行加工便可使用，木质分为软木和硬木之分，木材只要通过简便的加工就可以打造出我们需要的造型，其可塑性很高，而且其本性具有很高的审美价值，因树木的品种不同，所带来的花纹也有所不同，不同的花纹给大家带来不同的审美，一般给人天然古朴的感觉，由于木材的不同，所以设计者在设计的同时往往要考虑设计的成本（图 5–17）。

在包装设计中由于设计的需求不用，往往会采用符合目的的设计材料进行设计，上述的材料中还可以涉及丝绸、布、麻、陶瓷等形式，这些材料的运用完全取决于设计者的设计风格（图 5–18）。

图 5–17　木质包装盒

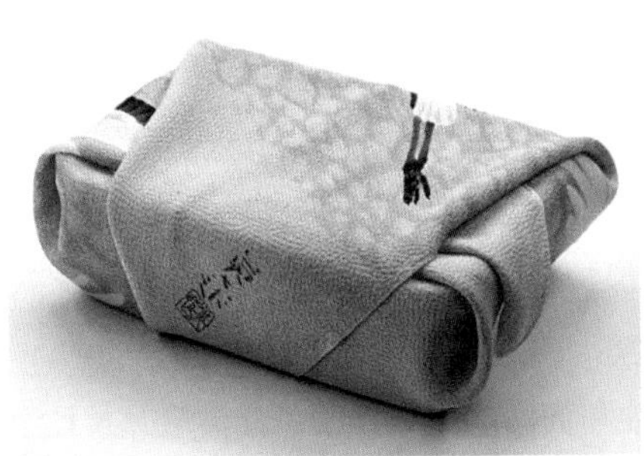
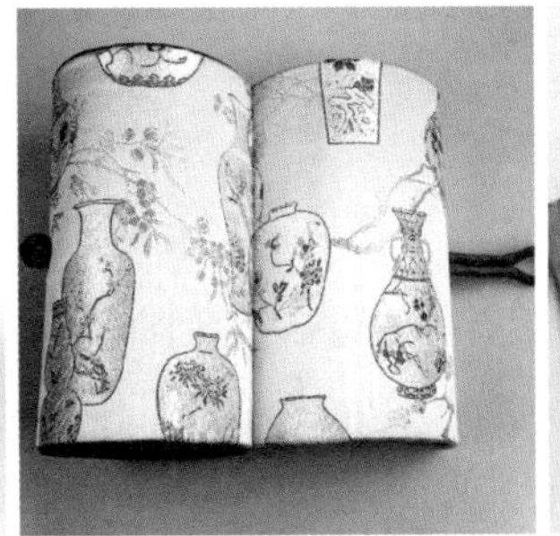

图 5–18　丝绸包装

5.1.2 包装设计中复合材料设计的应用形式

复合材料的应用，不用多解释就是将我们所提到的单一材料，两种或多种的材料进行复合，避免了单一材料自身的缺点，通过一定的工艺手法将其组合，最大限度地发挥商品的优越价值。在当今提倡环保的过程中，复合材料以其自身的独到之处备受重视，它自身的节约能源、易于回收、降低成本、减轻包装的重量和运输成本的特点将成为今后包装设计的趋势（图 5-19）。

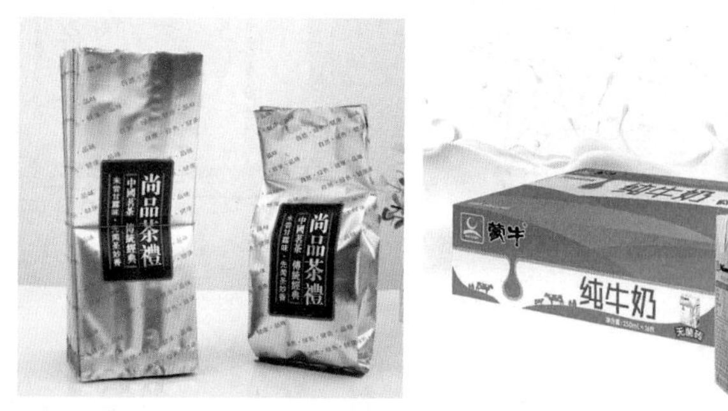

图 5-19　复合材料包装

随着包装安全要求的提高，包装材料的种类也在日益多样化。包装材料必须有高阻隔性、阻氧性、阻湿性、透气性，还要有高的抗拉伸强度、耐撕裂，耐冲击强度、优良的化学稳定性、耐高温性，满足内容物的高温消毒和低温储藏等要求。尤其是为缓解白色污染而研制的绿色包装材料，是发展绿色包装的关键，世界各国均高度重视，并取得了一系列的重要成果。

可回收再用或再生的包装材料，如瑞典等国开发出一种灭菌洗涤术，使 PET 饮料瓶和 PE 奶瓶的重复使用达 20 次以上。再生利用是解决固体废弃物的好方法，也是解决材料来源、缓解环境污染的有效途径。

5.2 包装的功能设计

尽管我们今天对“包装”二字含义的理解已远远超出了作为物态包装的范畴，更多地将其推向了营销、经营及文化传播的层面。但是我们还应该看到，这种更高层面的支撑依然来自原本商品包装的物态现象。所谓品牌意识与品牌塑造这些非物质化的“包装”理念最终还是要物态的包装来承担。商品包装设计一般包括商品包装的功能、形态、结构、平面设计等。因此商品包装设计仍然是一项具体的、实实在在的工作，它既包含着思维，也包含着技能，更存在着一定的具体内容。

5.2.1 商品包装设计的功能

所谓商品包装设计的功能应该包括：盛装商品、保护商品、储存商品、方便运输携带、传达商品信息等。其中每一方面的功能都有着具体的内容，需要我们认真分析和了解。

盛装功能：是指商品包装所具备的盛装商品的性能与商品的盛载程度、分类情况及计量配置等（图 5-20~ 图 5-23）。

图 5-20　旅行箱及竹质鸟笼

图 5-21　描金漆葫芦式餐具套盒

图 5-22　商品的盛装功能

图 5-23　商品的外包装

保护功能：保护商品的包装，我们不能简单地理解这是给商品一个防止外力入侵的外壳，实际上保护商品的意义是多重的。其是指商品包装为商品的安全所实施的结构设置、形态样式等具体措施，这是包装最基本的功能。包装不仅要防止商品物理性的损坏，如防冲击、防震动、耐压等，也包括各种化学性及其他方式的损坏，各种复合膜的包装可以在防潮、防光线辐射等几方面同时发挥作用。包装对产品的保护还有一个时间的问题，有的包装需要提供长时间甚至几十年不变的保护（图 5-24~ 图 5-26）。

储存功能：是指商品包装应该具备防止商品的泄漏、外溢，维护原有品质的密封、加固等效能。进一步加大了商品的储存方法，使商品最大限度地保持着自身的性能和性质(图 5-27、图 5-28)。

图 5-24　草绳包装的腌菜缸

图 5-25　珍藏版威士忌包装

图 5-26　腕表包装

图 5–27 橄榄包装的储存功能

图 5–28 商品的储存功能

方便运输与携带功能：是指商品包装应在其结构的设置上，给流通环节停工提供方便和便利。便于运输和装卸，便于保管与储藏，便于携带与使用，便于回收与废弃处理。在运输方面由于商品包装的储存使商品不受损失，成为了商品流通的重要保障功能。科学的包装能为人们的活动节约宝贵的时间，对如今商品种类繁多、周转快的超市来说，是十分重视货架的利用率的，因而更加讲究包装的空间方便性（图 5–29~ 图 5–32）。

图 5–29 nike 便于携带的包装

图 5–30 携带功能的体现

图 5–31 包装携带的便捷性

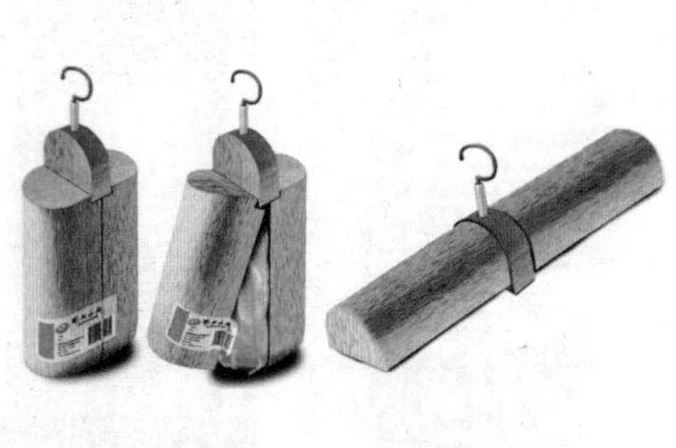

图 5–32 多功能的服装包装

传递商品信息功能：是指商品包装应该具备商品品牌的名称与图形、商品名称、生产厂家、商品成分与含量、商品容量、商品特性、商品的使用效果、商品的品质与面貌以及按照国家有关规定必须标注的生产日期、商品的保值期限、相关部门的批准文号、商品检验证明、商品的使用说明、商品的识别代码等必要信息。在超市中，标准化生产的产品云集在货架上，不同厂家的商品只有依靠产品的包装展现自己的特色，这些包装都以精巧的造型、醒目的商标、得体的文字和明快的色彩等艺术语言来宣传自己（图 5-33、图 5-34）。

图 5-33　商品的信息传递

图 5-34　香烟的包装

创造新价值功能：是指商品包装的设计与制作的精美所创造出的超出商品本身价值的特殊效能（图 5-35~ 图 5-37）。

图 5-35　酒品包装

图 5-36　食品包装

图 5-37　酱类包装

5.3　商品包装的分类

根据包装目的性进行分类可分为：运输包装与消费包装（图 5-38、图 5-39）。

根据包装物品的性质进行分类可分为：盒、箱、桶、袋、包、筐、坛、罐、缸、瓶等（图 5-40~ 图 5-44）。

根据包装的技术进行分类可分为：陈列式、喷雾式、真空式、防伪式、防震式、防盗式等多种形式。

图 5-38 运输包装或纸箱包装

图 5-39 消费包装或促销包装

图 5-40 玻璃制品瓶型包装

图 5-41 木制漆面盒型包装

图 5-42 纸制品袋型包装

图 5-43 网袋式包装

图 5-44 金属制品包装

根据包装产业特征进行分类可分为：工业品包装、农产品包装、信息文化产品包装等（图 5-45~ 图 5-48）。

图 5-45 工业品包装

图 5-46 纺织品包装

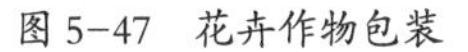
图 5-47　花卉作物包装

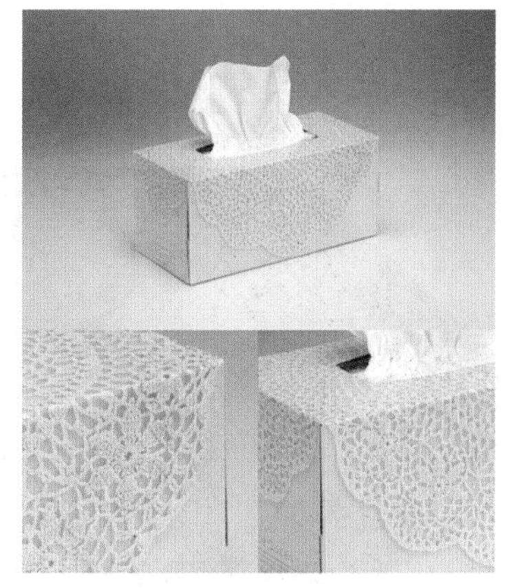
图 5-48　生活用品包装

了解包装的分类，一方面可以明确商品包装的类别状况，另一方面还可以帮助我们根据包装对象的特质与需求，采取相应准确的形式进行设计。

5.4　商品包装的形式

包装的形式是多种多样的，这是人们长期生产实践和创新的结果。认识和了解包装的各种形式，会对我们的商品包装设计提供更多、更丰富的启示和经验。

包装的形式可分为包装的式样与手段两个方面。从包装的式样与结果上可分为：

1. 独立包装

就单一产品所实施的单体包装形式被称为“独立包装”。独立包装有着自身完整的结构和面貌，风格自成一体（图 5-49~ 图 5-51）。

2. 内包装与外包装

根据商品的性质与保值需要所实施的多层次包装形式。这种包装形式中的内层一般负责承担盛装商品、密封的功能，外层则是对内层包装以及商品的加固和保护。多层的包装形式

图 5-49　书籍包装

图 5-50　玩具包装

图 5-51　耳麦包装

可以大大增强商品的安全性，但同时也会造成包装过度的现象。2008 年中国颁布了有关商品包装的成本限量标准,其中已明确规定:商品包装的内外包装不得超过三层(图 5-52、图 5-53)。

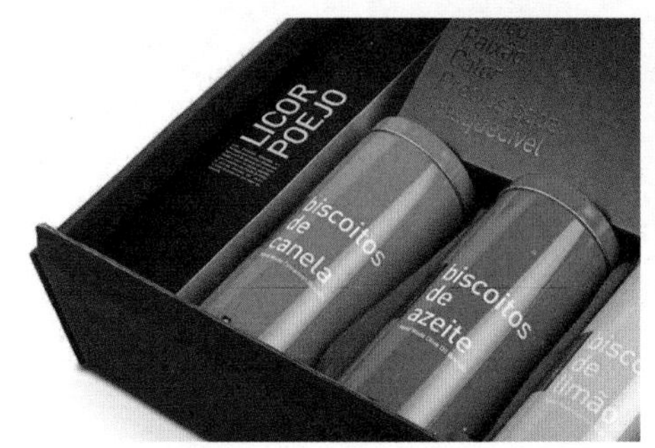

图 5-52 内置包装

图 5-53 茶叶包装

3. 系列包装

依据系列化的商品施以风格相对统一、形成成组成套的包装形式，被称为系列包装。这种包装形式可以是品牌化的体现，也可以是对系列化商品的特征张扬(图 5-54~ 图 5-56)。

图 5-54 饮料的系列包装

图 5-55 饮品的系列包装

图 5-56 果酒系列包装

5.5 包装的手段与方式

1. 包裹式包装

包裹式包装是一种传统的包装形式，这种包装形式适合于各种类别不同的商品，是人们最广泛使用的包装方式。这种包装结构简单、包装方法便利，包装的制作简易、节约。如今的许多商品仍然以包裹的形式进行包装,如糖果、糕点、面包、饼干、香皂等(图 5-57、图 5-58)。

2. "袋"式包装

袋式包装同样是商品包装中较为普及的形式之一，纸袋(提袋)、塑料袋、各种复合材料袋(包括纸塑袋、铝箔衬袋)等均是以袋子的形式盛装商品。这种包装形式多在食品及一些小商品中使用(图 5-59~ 图 5-61)。

3. 盒式包装

盒式包装是现代包装中所占比重最大，适用范围最广的一种包装形式。适合于各类和不

图 5-57　包裹式包装

图 5-58　墨西哥巧克力包装

图 5-59　睫毛膏包装

图 5-60　袋式包装运动品

图 5-61　袋式包装

同规格的商品。盒式包装可以采用多种材料，而不同的材料和不同的制作方式，又使盒式包装呈现出各种状态和样式。如各种纸盒（包括裱糊类和折叠类）、塑料盒、金属盒（包括铁质、铝质、景泰蓝、锡合金）、木（竹）盒、锦缎盒、漆盒、编织盒等。盒式包装的外形也多种多样：方、圆、六角、八角等。盒式包装的结构不同，工艺要求与技术含量也有所差异。唯有折叠类纸盒在加工制作的工艺技术上相对简易，因此如今这类的盒式包装的使用最为普遍（图 5-62~图 5-64）。

图 5-62　纸制品折叠盒式包装

图 5-63　木制盒式包装

图 5-64　纸制品裱糊盒式包装

4. 容器式包装

容器式包装是液体、糊状、粉状、颗粒等商品普遍采用的包装形式。如酒类、饮料、副食品调料、部分化工原料等。由于商品的物理特征及成分要求的不同，容器的形状和材质的选择各有不同，针对不同容器的形状和材料所采取的密封措施也各具差异。容器式包装一般有圆形、方形、扁圆形、多角形及各种异型等。密封方式有塞、压口盖、螺丝口盖等（图 5-65~图 5-67）。

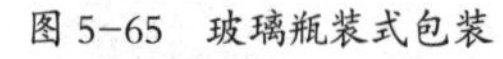
图 5-65 玻璃瓶装式包装

图 5-66 瓷质瓶装式包装

图 5-67 塑料材质包装

以上的包、袋、盒、瓶四大类包装形式是目前最基本、最普遍的商品包装形式。随着科学技术与经济的发展，新材料和新制造技术及新的市场购销方式的变化，又出现了许多新型的包装形式。这种新形式的商品包装不仅带给我们新的包装面貌，也扩展了包装设计更新的理念（图 5-68、图 5-69）。

图 5-68 复合材料包装

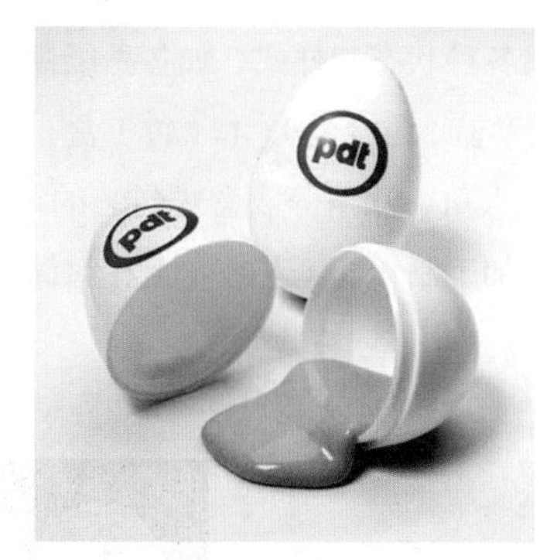

图 5-69 新型复合材料包装

5. 悬挂式包装

悬挂式包装是伴随自选市场的出现而形成的新包装形式。这种包装大都是用透明材料制成，以完全或部分显露商品的方法，使消费者对商品的了解更直观、更便利、更有效。这种包装形式可以悬挂在货架上或橱窗内，不但增强了自身的展示效果，还可以大大降低使用空间。

悬挂式包装应包括：悬挂式透明袋包装、悬挂式卡片型包装、各类悬挂式吸塑型包装等（图 5-70~ 图 5-72）。

图 5-70　可悬挂型节能灯

图 5-71　可悬挂型文具

图 5-72　可悬挂型玩具

6. 便利性包装

这种包装形式在封装商品时异常快速、方便，如今的部分饮品都采取了这样的包装形式。这是一种针对散装或小件商品所进行的一次性、即时性包装的方法。另外，这种一次性的即时包装成本较低，便于广泛使用。但是，在某种程度上也极其容易造成包装垃圾（图 5-73）。

图 5-73　一次性便利食品

7. 创意包装

这是一种充满一定情趣和个性化的包装“创意”，其原有的包装功能被设计者的特定目的追求所变异，形成了具有特殊形式与功效的新奇“包装”（图 5-74、图 5-75）。

图 5-74　创意包装

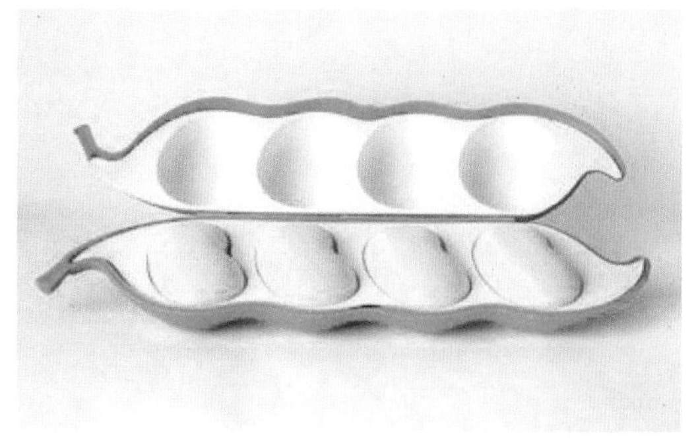
图 5-75　创意糖果包装

以上所列举的包装形式应该是指消费型和部分运输型的商品包装，那些大型运输包装以及特殊类型的包装不在我们的涉及范围之内。

项目小结

项目五中充分地讲述了包装材料的应用，在包装设计中，材料的选择将决定设计的成功与失败，通过本项目的学习我们将系统地讲述不同包装材料的属性，为今后的设计提供帮助。

与此同时在材料的应用中又会涉及包装设计中材料的功能、形式、手段等，所以说在包装设计中必须要了解材料的性能，才能够充分发挥设计者的设计想法，将设计作品在实践中展示出来。进而利用材料的特性发挥创造能力，使包装具有个性，符合商品的自身特点，将包装设计发挥到极致。

课后练习

1）了解包装材料的各种性能，并总结出规律。

2）熟知商品包装设计的功能。

3）了解包装设计的手段和方法。

项目六　包装设计的后期调整

项目任务

1）了解包装设计的后期排版印刷，提高设计质量和水平；

2）能够详细地对所设计的包装进行说明，体现设计理念。

重点与难点

1）了解印刷制作环节有助于设计者能够合理地对包装进行设计；

2）能够准确地说明设计理念和意义，阐述包装设计的设计价值。

建议学时

4 学时。

6.1 实施设计方案印刷制作

6.1.1 包装设计印刷的标准化

作为包装设计人员，应了解设计与印刷之间的关系，各种印刷的特点，印刷与各种工艺的表现力，印刷制作的流程及印刷的成本核算等基本知识，这样才能有效地结合制作，将设计意图准确地反映出来，达到最终的设计效果。下面我们对包装印刷设计进行简单的介绍，方便同学们能够快速形成概念，有利于包装设计的形成。

6.1.2 包装设计的印刷工艺流程

1. 印刷设计稿的制作。目前在包装设计中普遍采用电脑辅助设计，是直观地运用电脑对设计元素进行编辑设计。

2. 输出胶片。利用计算机实现设计稿的排版输出，将设计稿分色为 CMYK 四色胶片，用胶片就可以制版印刷。

3. 制版。采用晒版和腐蚀的原理进行制版，现代平版印刷是通过分色制成软片，然后晒到 PS 版上进行拼版印刷。

4. 印刷。根据合乎要求的开度，使用相应印刷设备进行大批量生产。印刷的种类大体可分为凸版印刷、柔性版印刷、平版印刷、凹版印刷和丝网印刷五种。

5. 加工成型。包括上光、过油和磨光、覆膜、“UV”、打孔、除废、折叠、黏合、烫印、凹凸压印、激光压纹、裱纸、模切和压痕等。

本环节请参考印刷与制作等相关内容，在此不作过多的讲述（图 6–1、图 6–2）。

图 6–1 包装印刷与制作

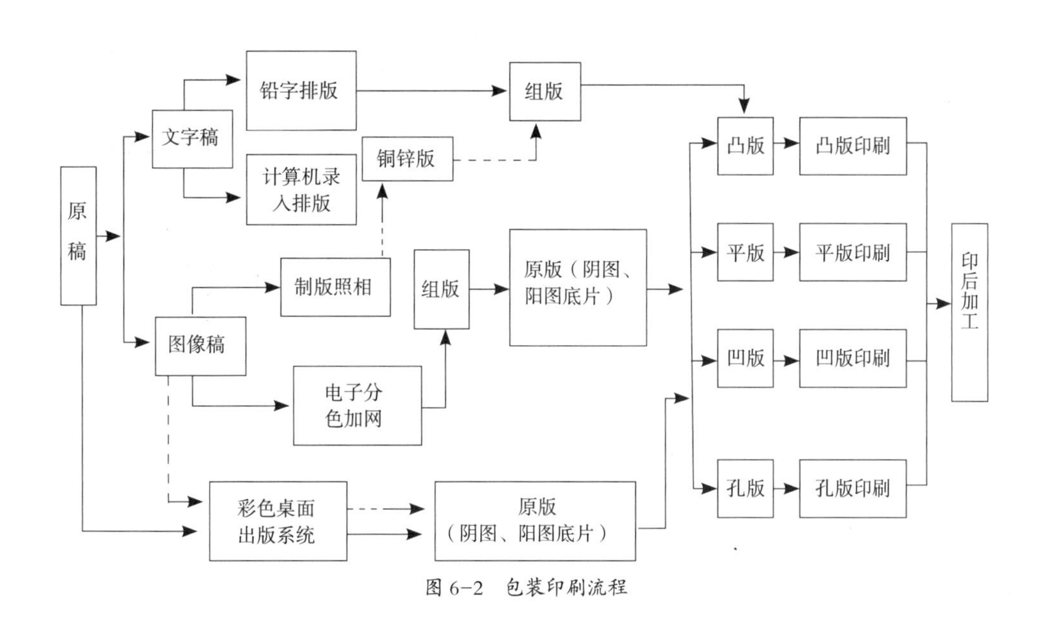

图 6-2　包装印刷流程

6.2　包装设计流程及说明文案撰写

6.2.1　包装设计的流程概述

前面的各个实训项目中我们对商品包装的各个阶段都进行了具体讲述，其实商品包装设计是一项具有系统性的工作过程，需要有不同阶段的工作目标和工作程序，而且这些目标和程序是环环相扣、紧密联系、步步递进的。缺少其中任何的环节都有可能影响商品包装设计的正确实施。根据众多的设计实践经验，我们可以将商品包装设计的流程划分为几个阶段，即调查研究→形成概念→制定方案→艺术表达→评估检验→实施制作。以便在同学们的头脑里形成系统的概念，为自己包装说明的撰写提供帮助。

1. 市场调查与研究阶段

商品包装设计始于产品与市场调查研究。俗话说：没有调查就没有发言权。进一步说，没有详细地对商品所有相关问题进行必要和深刻的调查、分析与研究，就没有对商品及营销的正确认识，也就不会得出对商品包装设计主题与方向的判断。商品包装要表现商品，要遵循品牌与商品的定位，就必须对相关问题进行翔实的调查研究，否则我们将会失去设计的根据。商品的种类、商品的外观与性能等特性、营销策略、市场终端状况、销售模式、消费群体的基本情况（包括年龄、层次、收入、职业、性别）等，以及同类商品包装的状况、设计风格的趋势走向等，均是设计必须具备的信息资源，也是形成设计概念的重要前提。任何对商品相关问题的片面和一知半解的认识，都将是商品包装设计的禁忌。通过市场调查，为我们的包装说明撰写提供了前期的准备。

2. 概念的初步形成阶段

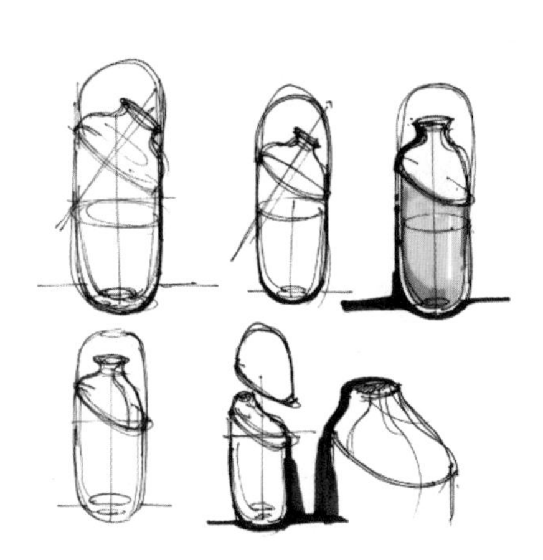

图 6–3 草图的绘制

这里所谓的概念是在调查研究与翔实分析的基础上生成的一系列有序的、可组织的、有目标的设计理念，它表现为一个由浅层到深层、由粗糙到精细、由模糊到清晰、由具体到抽象的不断进化的思考过程。这种概念的形成既是设计的主题开端，又是贯穿全部设计过程的设计方法。设计概念的形成决定着设计的总体方向和最终的成果质量。形成概念的阶段中我们必须有良好的记录，以便在实施的过程中留下痕迹。

3. 方案制作形成阶段

实际上既然设计概念已经解决了主体与方法问题，那么具体的设计实施方案便也顺理成章了。只不过这个方案会更具体、更接近实际解决问题的效果。包装的形态、整体风格、字体面貌、色彩倾向及组织编排都是方案中所要涉及的内容。草图是方案制定中的必要手段（图 6–3），在现代应用工具方面，我们更提倡多元化，电脑制作并不是我们的唯一手段。

4. 艺术语言应用阶段

表达是一种方式，是带有明显情绪倾向的表露。在艺术创作中的表达就更加突出了情感的因素。而且这种艺术的表达更倾向于强调思维的成效，因此就更具有智慧性。我们前面所接触的所有有关设计的问题，最终还是要通过表达来实现，因此表达也就成了商品包装设计的重要环节。有关艺术的表达问题是一项专门的学问，其涉及范围和深度都是需要专门来研究和论述的。我们这里只是针对商品包装设计的范围提出一些表达上的问题，供大家在学习和实践中参考。通过对包装说明的撰写把“美”传递给大家。

1）突出主题 言简意赅

商品包装具有传递商品信息的功效，但受诸多客观条件的限制，商品包装要想具备一定的市场竞争力，就必须想尽办法吸引受众的关注。而简明扼要的表达方式在提高识别度、关注度上大有益处。这就要求商品包装设计在处理图形表现和文字信息时，应尽量做到“话不在多，而在精”。深刻指明大家设计的特点（图 6–4~ 图 6–6）。

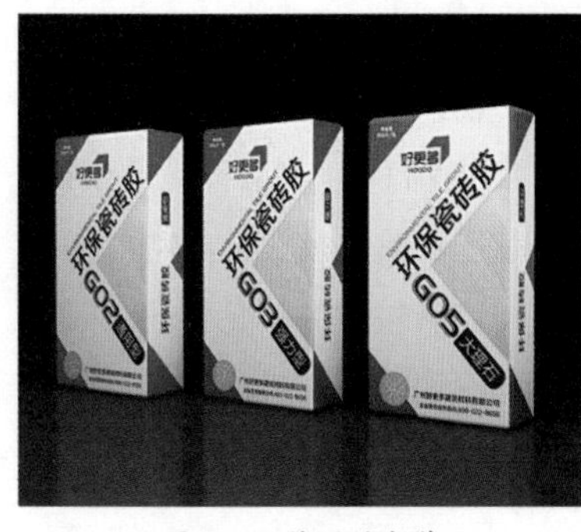

图 6–4 简明的包装

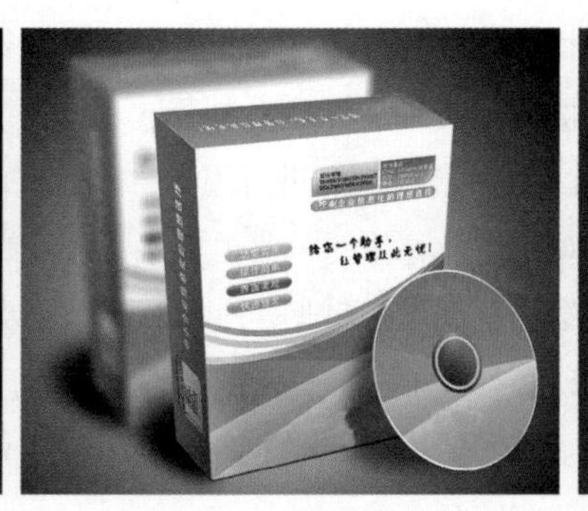

图 6–5 软件功能的体现

图 6–6 日本特色酒类包装

商品包装的引人注目还表现在迎合消费者对品牌、商品特征、商品的使用功效等关注与记忆上，注意加强这些因素的识别度，也是有助于消费的重要环节。

2）凸显细节　重点把握

亲情、爱情、友情等人类的感情是异常丰富，利用这些情感因素的表达，并力争与消费者达到共鸣，可以收到良好的效果。商品包装的形态、形象能否让受众得到更好的偏爱，能否牵动消费者心灵上的情感联想，要求设计人员具备明察秋毫的本领和细致入微的生活体察，目的是把情感定位真正地“定”在受众的心坎上。

感人心者，莫过于情。在生活中感情往往是牵动心灵、思维甚至行为的有效动力。物质生活越加丰富，感情交流也愈加可贵，甚至在一定意义上它还占据了主导地位。丰富的情感表达取决于设计师对消费群体情感因素特点的深入理解，也取决于设计师的真情实意，更取决于情感定位的准确程度和表达力度。所以情感表达的关键还在于要把握“度”。而解决“情感度”的方法之一就是“理”，在动之以情的同时还能够晓之以理，这便是情感传递的最佳火候（图 6–7~ 图 6–9）。

增加商品的趣味性和情趣性是商品包装设计加强情感交流的有效表达方式。运用拟人、拟物等表达方式来赋予包装形态某种情趣倾向，使之产生浓厚的趣味特征，同样可以得到消费者的情感回应（图 6–10~ 图 6–13）。

5. 包装的评估制作阶段

完善的商品包装设计方案应该是能够达到预期的效果，这就是“利销”。但是否能做到这一点需要我们对已有的方案进行评估，判断该方案能否有效。首先我们还应该明确的是：“利销”是评判商品包装设计的基点，因为商品包装的意义在于有利于商品的销售。其次，就应

图 6–7　可爱童趣

图 6–8　浪漫的色彩

图 6–9　浓厚的乡情

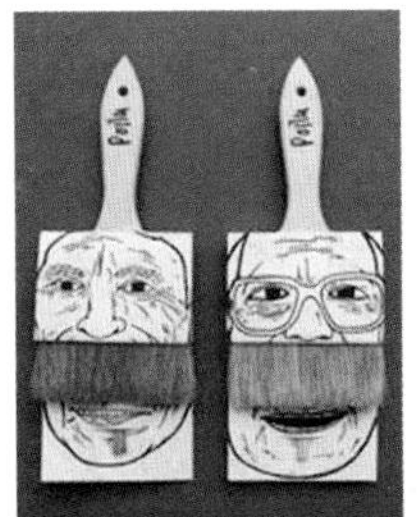

图 6–10　诙谐的包装

图 6–11　充满趣味性的包装

图 6–12　抽象的人物

图 6–13　包装中充满童趣

该是从服务的角度来审视，如保值、方便等。再就是传达信息与艺术表达上的准确与恰当问题，最后是评估和检验商品包装设计方案是否能够有效实施，以确保商品能够顺利地进行制作。

商品包装的制作具备多项环节，而且每个环节都不可轻视。为了保证包装制作的顺利实施，需要设计人员必须对商品包装的制作过程及相关标准要求了如指掌，并能够根据这些标准和要求制定、制作商品包装设计方案和相关数据。

在制作的每一个环节中都有其各自技术含量以及指标要求，任何的细微错误都会导致整个制作过程的失败。作为一个真正的设计师，商品包装设计人员不仅要做好设计，还要做好制作流程中的指导工作。

重视以上五点，为我们的包装设计的撰写提供了最为有利的支持与帮助，只有通过实践的环节，才可以将我们的设计更加完整化、细节化、生动化。

6.2.2 包装设计文案撰写要素

在包装设计后期制作完成后，设计者应该对自己所设计的产品进行系统的说明，来进一步说明设计所涵盖的科技、绿色及设计产品的个性化的突出，为企业进行详细的包装设计说明。

1）注重科技要素

在设计文案中注重科技含量给予包装设计带来的影响。科学技术是社会发展的先导，商品包装的进一步发展同样需要科学技术的引领。在包装的发展过程中，材料的开发与创新始终影响着包装的变革。因为科技的创新会给包装材料带来意想不到的突破，因为材料科学的研发对人类的生活和生产历来至关重要。曾经的塑料、合金、橡胶等材料开发及在商品包装上的应用，就是最好的例子。新材料的研发必然会引发新技术产生，而新技术不仅在过去支撑着包装进步，也会在今后继续为包装的发展发挥作用。

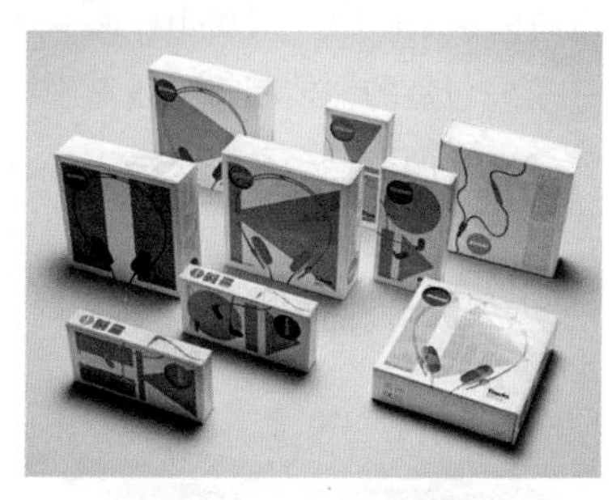

图 6-14 科技的包装

图 6-15 新型包装材料

凡是经过手工制版的人均会对现今的印刷制作技术感慨万分。我们相信技术上的不断创新一定会创造出更多形式和更加便利的商品包装制作手段和方法。另外，材料与技术的创新，还会产生更多全新意义和形式的商品包装形态，无论是对商品包装式样和形式，还是功能特征都将起到不可估量的推动作用。在设计者所涉及的包装中应该说明包装中所蕴含的科学技术，科学技术是商品包装的引领者，一个好的包装设计将改变人们对包装的认识，在说明文案中突出设计者的包装的科技含量至关重要（图 6-14~ 图 6-16）。

图 6-16 包装材料的应用

2）注重绿色要素

由于人类想对于绿色环保的高度重视，我们在包装设计说明文案中必须传达所设计的包装中绿色包装所占的比重，针对自己所设计的包装进行绿色环保的分析。我们深知爱护我们的家园——地球，是每个人的义务和责任。商品包装减少对物质资源的索取，免除对人们生存环境的污染，甚至不再是“垃圾艺术”，是当今和未来商品包装必须要承担的责任。“包装垃圾”已经占到市民生活垃圾的35%以上。这些严峻的现实告诉我们，面对资源与环境问题社会各界均不可以懈怠。值得可喜的是，提倡利用再生物品、严禁使用不易降解的材料以及抑制过度包装等行动已经开启。我们相信，未来的商品包装发展趋势一定会是面向节能降耗、维护环境的绿色方向。

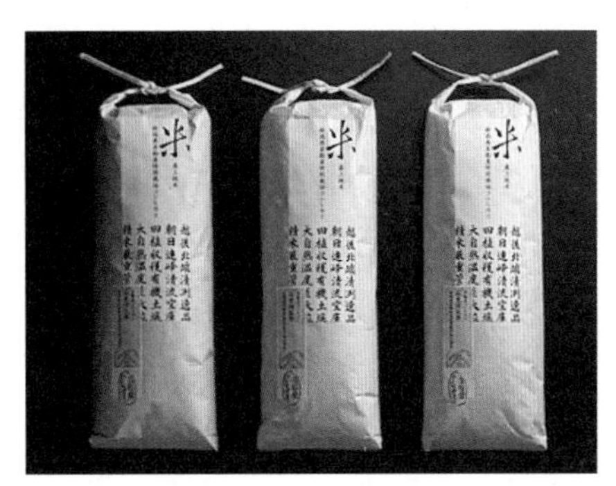

图 6-17　环保包装

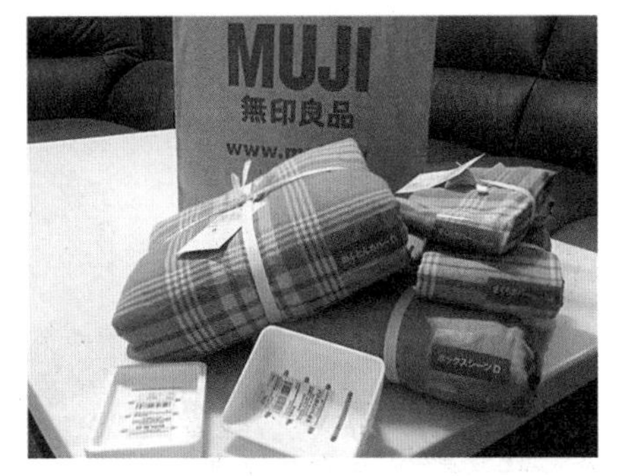

图 6-18　无印良品包装

绿色还应该体现在商品包装与设计制作及使用中的无害是设计者在设计过程中必须考虑到的。商品包装的基本准则即是安全问题，如今这种“安全”应该涵盖商品包装生产的各个环节。商品包装的“安全”既要对商品无害，也要保证对使用的无害。我们可以回顾一下人们早期使用的包装物，当然这并不是要我们重回过去，只是想让我们看到那些早期人们的利用自然却不迫害自然、不伤害自己的做法，是何等的聪明和理智。在设计者的文案撰写中要突出设计者在设计的过程中对于绿色环保的高度重视，并提出包装能够给环境多带来的贡献，包括本包装使用材料的回收，本包装使用中“零”污染的理念，以及可以反复使用的创新，都可以在文案中有所具体的体现（图 6-17~ 图 6-19）。

图 6-19　环保材料的应用

3）注重个性化要素

在撰写文案中最为重要的要素要说到设计者对于包装设计的个性突出。设计者在设计说明中要突出自身的个性和理念。当今社会的开放和进步促生了愈发注重“个体”的价值观念，物质生活丰富的结果也造就了追求并享受差异化生活的条件。所谓个体的需求即是根据自身的生活态度与方式来决定适合自己且不同于他人的物质与非物质需求。其实当下在我们的周围就不乏这样的现象。而未来这种追求差异的个性化现象只会更为突出、更为普遍。这是社会发展的必然，也是人类追求的理想，而商品包装与设计亦必然人会站在这种变化的前列。届时商品包装的功能、形态式样及服务倾向，都会发生巨大的变化。这也就是全新商品包装——个性化商品包装的时代。

追求商品与包装的个性特征，已经在当今的市场营销中显露头角，且并非不受欢迎。虽然这些极具个性化的东西常常被冠以“另类”的头衔。然而，就其与众不同和新奇脱俗的现象来看，虽不能说是代表着未来的发展趋势，但对于我们在设计的创新上不能不说是具有一定的启示。如今的设计教育和实践创作都提倡“创新”，那么“创新”就应该是不曾有过的，而且每一项创新都是从个体开始的。我们不能预知未来的个性化设计到底会是什么样子，但提倡“创新”还是非常有必要的。所以说在我们的说明文案中我们对于设计的包装“创新”在哪，与众不同的地方是如何产生的，都要在文案中一一说明清楚。构成我们自己对设计说明文案的风格。

在文案撰写中，我们往往注意避免“浮夸”我们的设计，但仍应该在我们的设计中充分展现我们的科技手段、绿色包装及包装设计的个性化，来彰显出我们对设计的充分说明（图6-20~ 图 6-22）。

图 6-20　个性化包装

图 6-21　个性的体现

图 6-22　个性图形的应用

项目小结

在包装设计的后期制作环节中，应了解包装设计印刷的流程及包装设计制作的流程，为撰写说明提供帮助。

在印刷环节中，应该了解整个印刷的过程，这会直接影响到所设计的包装的总体效果，充分地了解可以有助于我们在设计的过程避免失误。

包装设计的整体设计流程，每一位设计者必须做到心中有数，只有按照流程逐步地完成才可以达到事半功倍的效果，并且能够撰写出我们所设计的商品说明。

课后练习

1）了解包装设计后期的印刷设计。

2）掌握包装设计中的说明文撰写。

包装设计案例赏析

1. 盒型包装案例解析

纸制品包装一般为正方和长方等六面体，为了创造富有个性化的盒型式样，往往设计人员要对最基本的六面体进行结构上的调整和改造。面对最普遍的盒型来思考如何创出新意的问题，往往是需要人们更多的设计构思，而通过巧妙的细微变动，赋予包装新的生命，往往设计正是解决这一问题最有效的方法。所有在设计创新上的乏力或消极，都源于缺乏正确和巧妙的思考（案例 1）。

纸张具有折叠、插接等特性，利用纸张特性加上我们的想象力可以形成丰富多彩的形态样式。这件包装就能够充分地说明纸张的性能及人的巧思。绝大多数的人都经历过幼儿园的折纸游戏，也有不少成年人依然对折纸保持着浓厚的兴趣，并以此作为某种思想或情感的表达。这说明纸张有着极强的可塑性，也说明形态可以表达人的思想与情感。这件包装很明显是有关儿童题材的商品，迎合儿童的心理需求，用形态趣味博取儿童的喜爱是其创意与形式的终极目的（案例 2）。

纸制品包装中以裱糊的方式制成各种盒型相当普遍。这一组包装便是裱糊盒，裱糊是一种传统的制盒方法，大部分需要手工制作完成，如今部分的盒型制作可以由机械制作，但个别环节还是需要人工完成。裱糊盒可以采用多层纸张或与不同材料（织物、皮革等）相互复合使用，因此裱糊盒要比折叠盒牢固、结实、耐用，并且材质丰富、形式多样，这也是裱糊盒最为突出的特点。另外裱糊盒的密封方法也相对丰富，其密封效果较好。只是裱糊盒的制作成本要远远高于折叠纸盒，如果是与其他材料复合的话，成本还会因为其他材料的价值因素有所提高（案例 3）。

纸制品包装的形式多种多样，结构的不同可以营造出形态各异的形态效果。其中显露商品面貌便是纸制品包装的一个特殊表达方式，我们俗称这种方式为“开窗”。而“窗”的大小、形状则要根据包装的结构条件及包装的表达需要，进行有针对性的具体实施。“开窗”的目的

案例 1

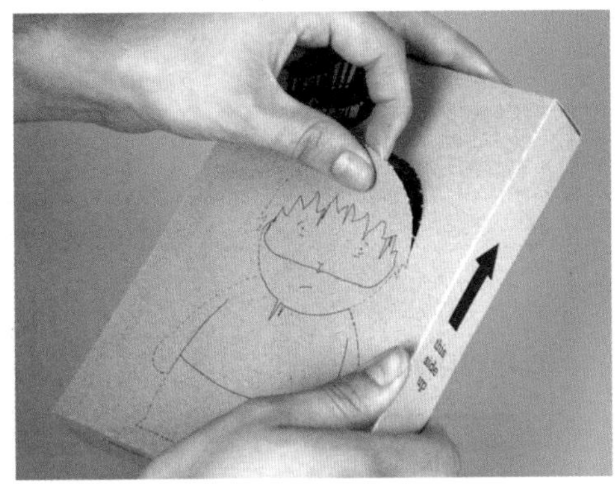
案例 2

一方面强调了包装展示商品的功能，另一方面也是方便消费者对商品进行详细地了解。这一套模型玩具包装就是采用了“开窗”的方式，“开窗”不仅解决了商品展示的问题，而且对售后的存放和陈列也带来了方便（案例4）。

金属盒也是一种常见的包装形式，其材料一般多为铝、铁等金属。金属盒的制作一般要靠机械完成，因此需要制作磨具和胎具。金属的强度是比较可靠的，密封效果也十分显著，因此金属盒是一些颗粒、粉末、液体等状态的商品包装首选。金属盒可以根据设计的需要制作成丰富的形态式样，以及相对复杂的结构状态，这也为包装的形态设计提供了较充裕的发挥空间，同时由于金属盒的持久耐用特点，还可以延长使用期限和扩展使用功能的范围。我们生活中似乎总有一些遗留下来的金属盒包装，被当作普通的盛装物使用（案例5）。

除了纸张和金属材料外，木材、塑料及新型复合材料同样可以制成盒式包装。这一组包装材料选用的是“木塑”，“木塑”的材料特性是结实、平整、便于加工，有很好的塑造基础和条件，可以帮助设计人员实现各种形态设想。但此材料和加工成本较高，应谨慎对待（案例6）。

盒式包装是商品包装的重要形式，也是最为普遍的包装手段，因此对盒式包装的研究和创造应该是包装设计人员的重要课题。

案例 3

案例 4

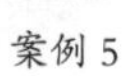

案例 5

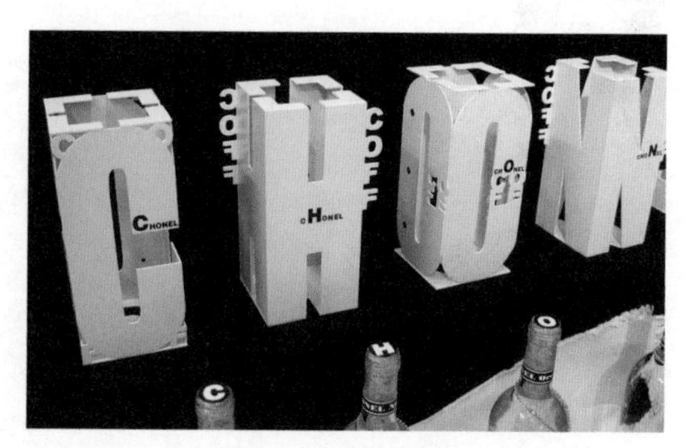

案例 6

2. 提袋式包装案例解析

这件提袋包装也是将包装的严密性与携带方便性综合考虑的例子，设计人员巧妙地利用纸张的折叠，达到利用提携的作用增强包装的严密性效果（案例 7）。

图形的表现方法更是丰富多彩，设计人员在图形上的表现技能越是强大，就越能够灵活地面对各种主题，并做到表达充分、恰当和有力。这一组服装的包装图形设计在表现树木上可以说别具一格，表达新颖。替代固有颜色加上白色，更增加了图形的视觉吸引力（案例 8）。

提袋是包装形式中最为普遍的一种，也是适用范围最为广泛的。这种普遍性和广泛性特征的由来完全是出于提袋给我们带来的方便效应。由此我们可以联想到所有带有提梁设施的包装都必须满足方便携带的功能需求（案例 9）。

这是设计者在保护商品和便于携带商品的功能上所进行的思考。同时还能够体会到在功能不减的前提下对包装形式上的提炼和简约，以及由此产生的包装形态个性（案例 10）。

这组提袋是我们日常中最容易见到的提袋，在设计的过程中，我们必须掌握图形文字色彩的合理使用，使我们的提袋设计具有最鲜明的特色，让提袋不会变的“庸俗化”（案例 11）。

案例 7

案例 8

案例 9

案例 10

案例 11

3. 容器类包装案例解析

商品包装不仅要解决盛装商品、保护商品，以及方便携带的问题，还要解决商品在使用中的便利问题，可口可乐包装设计就很好地体现了这方面的功能。容器的造型设计充分考虑了人在使用中手的把握与瓶体之间相互融洽的关系问题，是这件包装造型最为突出的特点（案例 12）。

包装的密封与方便开启，从来就是一对矛盾。解决这个矛盾最好的例子便是金属罐包装中的“易拉片”的研发和创意，同时“易拉罐”的开发，引发出商品包装形式上的一种全新的类别和方式（案例 13）。

绵竹大曲是我国的绵竹系列产品，有着深厚的历史背景。其包装的式样也是花样繁多，但这一件包装却是极具特色并显现出创意上的妙处。从品牌名称的字体式样上看，显然是利用了中国葫芦的造型，葫芦就是容器本身，而包装盒是具有独特中国元素的礼盒。这真是一个具有独特完整概念的设计，且创意巧妙。所谓商品包装设计中整体思考的原则和概念，这件包装便是极好的解读（案例 14）。

图 a 是一件“石榴果汁”饮料包装造型设计，也是采用了借用的方法，以特殊的形态面貌争得消费者的关注和欣赏是商品包装设计的一种创意思考方法，这种方法不仅可以有效地提升消费者的认知度，而且还有利于品牌的宣传和塑造。当一个新鲜事物诞生的时候，总是想在尽可能短的时间里博得受众的喜爱，我们应该感到“石榴果汁”饮料包装的造型设计能够做到。但这种别出心裁并不是与众不同就可以，它需要设计人员的深刻思考和反复比较，同时还要适应容器的功能要求。因此追求个性化的形态应该注意既要做到意料之外，还要具备情理之中。无独有偶，图 b 的思考似乎与图 a 如出一辙。前者是饮料包装，后者则是学生的化妆品包装造型习作。我们反对模仿，特别是恶意抄袭，但设计人员在思考上的不谋而合也是常有的事情，只是我们的设计人员在从事设计工作的时候应该尽可能多地去发现已有的包装设计状况，避免重复（案例 15）。

这是一件市场上曾经出现过的普通食用油瓶型式样，形态简洁、功能明确，既有鲜明优美的弧线“体征”所生成的美感，又具现代设计中“简约”风格的体现。这种简约还大大提

案例 12

案例 13

案例 14

升了集合装运中的便利。容器造型设计中的外形因素十分重要，外形一方面决定着造型的整体形态样式，也体现着一定的特色风格（案例 16）。

容器的使用功能设计，即盛装、使用方便等同样是造型设计的重要内容。充分考虑人的生理功能特性，满足人使用中的便利也是该件容器的又一鲜明特色。

容器包装的视觉信息设计往往多以“标签”的形式为主，在标签的设计中，追求外形的个性以突出商品的独特性也是设计的重要环节。该件包装的造型特征恰恰为标签的外形特性提供了良好的条件，可谓既合理又巧妙。更加准确地说，应该是容器造型特征与使用功能及标签设计的整体思考才使其具有突出特色。这便是我们前面所介绍过的设计原则中整体思考的具体实例。

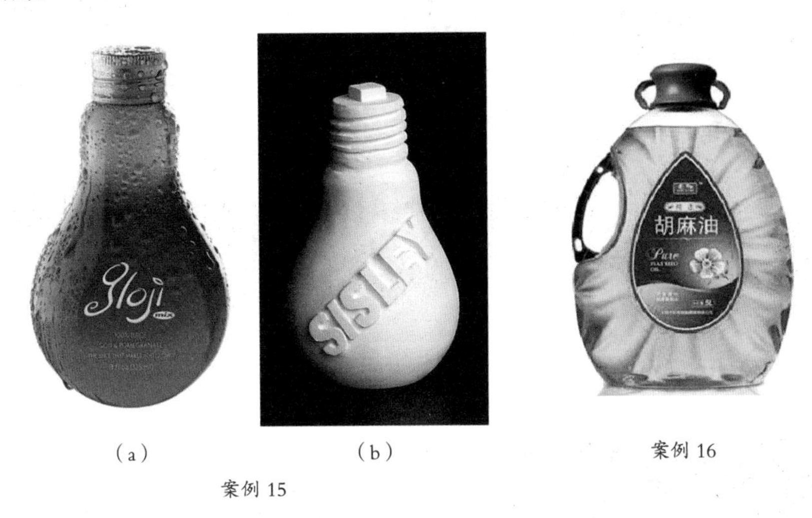

（a） （b）

案例 15

案例 16

4. 商品系列包装设计综合解析

系列包装是当今商品开发与营销策略的反映，产品的细分形成了产品的系列化，而系列化的产品又在营销中有着异常突出的优势。因此商品包装的系列化设计是一项既普遍又重要的课题，值得认真研究。

图形与文字的编排是视觉设计中非常重要的内容，编排既是决定人们阅读和理解内容的帮手，也是形成视觉表达风格的重要手段。“CEINQUL”包装的特色就是在于文字信息的编排上。创意的来源可能是我们生活中最为普通的事与物，只是我们是否具备发现这些事物中能够给我们带来思考和借鉴的能力（案例 17）。

“花茶”和“乌龙茶”包装设计都是以汉字的字体特征与传统图案等中国传统元素的运用，来达到彰显“茶”的特殊品位和中国味道。这样的表达方式在今天的包装设计中常常见到，只是我们希望在突出中国传统特色的表达中，还要注意时代特征的表现（案例 18）。

将茶和月饼共置一盒中，这无疑是中国人的发明，月饼的浓郁口感配合茶的清醇，简直就是皇家级的享受。如同龙袍般的包装，将带你进入这种境界。精美的图案，考究的工艺，无一不是皇族待遇（案例 19）。

水果糖系列包装设计方案以卡通形象统领包装的整体风格，但每个形象又呈现出不同的形态面貌和表情特征，并且明确地传达了商品的成分、味道。既统一协调，又个性张扬，共性和个性的关系处理得比较恰当（案例 20）。

这是一组系列包装容器的设计方案，这个创意的主题是要塑造该系列产品品牌名称的字体形象，其表现方法是以品牌文字为“瓶体”，然后统一施加花瓣形态的“瓶盖”，这种方法

案例 17

案例 18

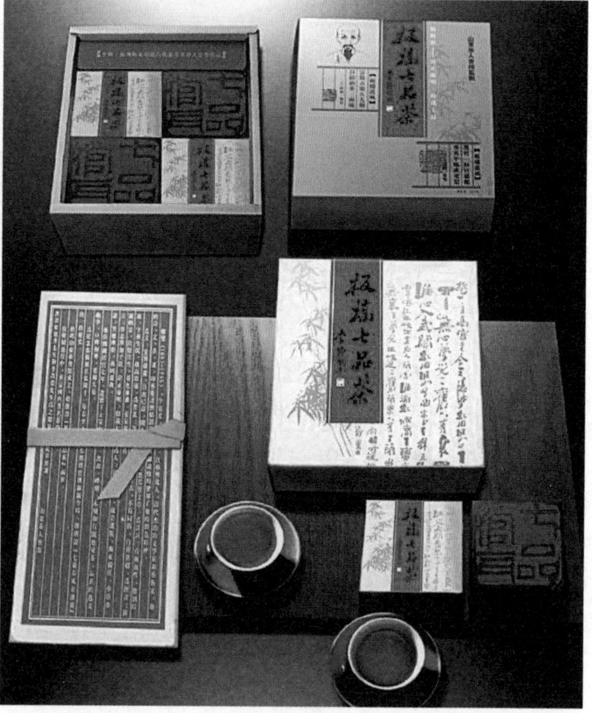

案例 19

无疑也创造出了该系列包装的整体风格，而且字母的差异又体现了商品的不同特性。应该说是一个充满新意的设计方案（案例 21）。

案例 20

案例 21

参考文献

[1] 赖声川 . 赖声川的创意学 [M]. 北京 : 中信出版社 .

[2] 王国伦，王子源 . 商品包装设计 [M]. 北京 : 高等教育出版社 .

[3] 张占甫，赵奉堂，王众 . 广告装潢设计百科 [M]. 天津 : 天津人民美术出版社，天津科学技术出版社 .

[4] 余鑫炎 . 品牌战略与决策 [M]. 大连 : 东北财经大学出版社 .

[5] 《中国包装》杂志 .

[6] 华梅，要彬 . 新编中国工艺美术史 [M]. 天津 : 天津人民美术出版社 .